BLV Naturführer

Spuren und Fährten unserer Tiere

Angelika Lang

BLV Verlagsgesellschaft
München Wien Zürich

Bildnachweis

Arndt: 17 ol, 17 or, 19 ol, 19 or, 31 ul, 49 ol, 73 ol, 119 o; Bink: 105 ul, 119 Mr; Eisenreich: 91 or, 91 M; Heppner: 8 r, 57 ur; Kankel: 121 ol; Kovács: 23 u; Labhardt: 23 o, 49 or, 67 ol, 117 o; Lang: 25 u, 27 u, 31 ol, 31 ur, 33 ur, 43 ul, 47 or, 85 u, 87 ul, 105 ur, 109 ul, 115 u, 123 or; Limbrunner: 2, 13 o, 21 o, 21 u, 27 o, 35 ol, 35 or, 35 ul, 37 u, 43 ol, 43 ur, 47 ol, 49 ul, 49 ur, 51 ol, 51 or, 53 ol, 53 or, 55, 59, 67 or, 69 ul, 69 ur, 71 ul, 73 or, 73 u, 75 or, 75 u, 77 o, 81, 83, 87 ol, 89 M, 91 ul, 95 or, 95 Mr, 95 ul, 95 ur, 99 ul, 99 ur, 103 ul, 105 or, 107 ul, 109 ol, 109 or, 109 ur, 111 u, 113 o, 115 or, 119 Ml, 121 ul, 125 ur; Meyers: 15 u, 117 u, 119 u; Pfletschinger/Angermayer: 89 o, 89 u, 91 ol, 91 ur; Pölking: 25 o, 75 ol; Pott: 11 u, 33 ul, 37 o, 67 u, 71 ur, 77 ul, 77 ur, 107 o, 113 u; Quedens: 17 ul, 31 or, 33 o, 39, 45 l, 65 ol, 65 or, 99 Ml, 99 Mr; Reinhard: 79 o, 79 u, 85 o; Schrempp: 92; Siedel: 13 u, 121 or; Singer: 111 o; Synatzschke: 8 l, 11 o, 15 o, 29 u, 43 or, 53 u, 57 l, 69 ol, 71 or, 87 ur, 93, 95 ol, 95 Ml, 99 ol, 99 or, 103 or, 103 ur, 105 ol, 107 ur, 115 ol, 123 ol, 125 ol, 125 ul; Thiermeyer: 17 ur, 47 u, 57 or, 63, 65 Ml, 65 Mr, 65 ul, 65 ur, 71 ol, 121 ur; Wothe: 29 o, 35 ur, 45 r, 69 or, 87 ol, 103 ol, 123 ul, 123 ur, 125 or
Titelfotos: Limbrunner (Fischotter, Fährte; Kaninchen, Baueingang; Siebenschläfer, Fraßspur)
Grafiken: Karin Heckel, München

Foto S. 2: Steinmarderfährte

CIP-Kurztitelaufnahme der Deutschen Bibliothek

Lang, Angelika:
Spuren und Fährten unserer Tiere / Angelika Lang. – München; Wien; Zürich: BLV Verlagsgesellschaft, 1985.
(BLV Naturführer; 142)
ISBN 3-405-13069-7

NE: GT

BLV Naturführer 142

Satz und Druck: Appl, Wemding
Bindung: Großbuchbinderei Monheim

Printed in Germany · ISBN 3-405-13069-7

Einleitung

Wie oft sind wir schon von einem Spaziergang durch Wald und Feld nach Hause gekommen und haben außer einigen Vögeln und Insekten kein weiteres Tier entdecken können. Viele Tiere bleiben unseren Blicken verborgen, weil sie dämmerungs- bzw. nachtaktiv und scheu sind. Dem Kundigen jedoch verraten die Zeichen und Spuren, die die Tiere während ihrer Aktivitätsphase hinterlassen haben, eine Menge über deren Anwesenheit und Verhalten.
Früher war die Fähigkeit, Tierspuren zu erkennen und zu deuten, für die Menschen lebensnotwendig, denn davon hing oft der Jagderfolg ab. Heutzutage ist es noch für Jäger und Förster von Bedeutung, Spuren lesen zu können, um den Wildbestand richtig einzuschätzen.
In unserer Zeit, in der die Refugien für seltene Wildtiere immer mehr schwinden, andererseits der Druck der Erholungssuchenden auf naturnahe Lebensräume immer größer wird, ist es für den Schutz der Wildtiere wichtig, daß möglichst viele Menschen Kenntnisse über deren Lebensgewohnheiten besitzen; denn, wer Tierspuren finden und deuten kann, lernt viele Verhaltensweisen der Tiere kennen. Er kann deshalb auch eher Rücksicht auf die Bedürfnisse der Wildtiere nehmen, als jemand, der »blind« durch Wald und Flur läuft.

Hinweise zur Benutzung

Die Größenangaben der Fährten beziehen sich immer auf frische Trittsiegel. Die Hufbreite wird an der breitesten Stelle quer über die Schalen gemessen, die Huflänge von der Schalenspitze bis zum hinteren Rand des Ballens. Wenn nichts anderes angegeben ist, sind die Afterklauen bei diesen Längenmaßen nicht berücksichtigt.
Um die Pfotenbreite anzugeben, mißt man auf Höhe der beiden äußeren Zehenballen, für die Pfotenlänge nimmt man den Abstand vom vorderen Zehenballenrand bis zum Hinterrand des Hauptballens (Zehengänger) bzw. des Fersenballens (Sohlengänger). Wenn nichts anderes vermerkt, entsprechen die Längenangaben den Pfoten ohne Krallen.
In schmelzendem Schnee, auf Schlamm und nach Regen zerlaufen die Ränder der Trittsiegel, die Spur wird größer und undeutlicher; in pulvrigem, tiefem Schnee können die Ränder der Trittsiegel verwischt sein, weil Schnee in die Spur nachfällt. Auf hartem Boden dagegen können sich nicht alle Teile des Fußes abdrücken, das Trittsiegel wird kleiner.
Die Fährten werden als Fotos oder als Zeichnungen vorgestellt. Bei den gezeichneten Fährten ist zu beachten, daß die **Vorderfüße weiß,** die **Hin-**

terfüße schwarz dargestellt sind; liegen Vorder- und Hinterfußabdruck genau übereinander, so ist das Trittsiegel ebenfalls schwarz.
Die Größe, Beschaffenheit und Farbe der Losung kann sich durch Witterungseinflüsse verändern. Bei Regen quillt die Losung, wird dadurch größer und kann zerfließen. Bei starker Sonneneinstrahlung trocknet sie aus, wird oft kleiner und bekommt einen grauen bis weißlichen Überzug. Auch Gewölle, die länger in der Sonne gelegen haben, werden heller und zerfallen leichter.
Das vorliegende Buch ist in 5 Hauptkapitel eingeteilt. Jedes der Kapitel enthält einen allgemein gehaltenen Einführungsteil und einen speziellen Teil, in dem die entsprechenden Spuren dargestellt werden (Bestimmungsteil). Die Zahlen bei den Abbildungen entsprechen stets den Nummern der Texte auf der gegenüberliegenden Seite.

Im Text verwendete Abkürzungen

U.ordnung	Unterordnung	li	links
U.familie	Unterfamilie	re	rechts
♀	ein Weibchen	mi	Mitte
♀♀	mehrere Weibchen	∅	Durchmesser
♂	ein Männchen	V	Vorderpfote
♂♂	mehrere Männchen	H	Hinterpfote

Im Text erwähnte Fachwörter

Afterklauen Reduzierte Zehen (2. und 5.) bei Huftieren, die in unterschiedlicher Höhe hinten am Fuß sitzen; vorne meist höher als hinten.
Ballen Elastisches Druckpolster, das mit Binde- und Fettgewebe durchsetzt ist und von einer Hornhaut überzogen ist.
Bast a) Die samtig behaarte, gut durchblutete Haut, die das wachsende Geweih bei Hirschartigen versorgt und schützt.
b) Der innere Teil der Baumrinde, der noch lebt.
Dunenfedern Konturlose, weiche Federn mit langen, biegsamen Federästchen ohne Verankerungssystem dazwischen; sie dienen der Wärmeisolierung.
Einfahren In den Bau hineinschlüpfen (z. B. Fuchs, Dachs).
Fegen Abstreifen der abgestorbenen Basthaut (s. dort) durch kräftiges Bearbeiten von Sträuchern und Jungbäumen mit dem Geweih.
Gang Die langsamste Gangart.
Galopp Die schnellste Gangart.
Geschmeiß Relativ dünnflüssiger Kot, der von überwiegend fleischfressenden Großvögeln (Greifvögel, Eulen, Reiher u. a.) meist in Form von großen weißen Klecksen oder Spritzern abgegeben wird; häufig unter Brut- und Schlafbäumen.
Gestüber Fester, walzenförmiger Kot von meist pflanzenfressenden Großvögeln (Hühner, Gänse u. a.).
Gewölle Walzenförmige Gebilde aus

unverdaulichen Nahrungsresten (Knochen, Haare, Federn, Chitinteile), die im Vogelmagen zusammengeballt werden und in Abständen ausgewürgt werden.
Hasensprung Typisches Trittbild von Hasenartigen; die beiden Vorderpfoten werden hintereinander aufgesetzt, die beiden Hinterpfoten davor nebeneinander.
Kambium Teilungsfähiges Bildungsgewebe (z. B. bei Bäumen) an Stamm und Wurzeln.
Kessel a) Lager des Wildschweins. b) Wohnhöhle in unterirdischen Bauten.
Klauen s. Schalen
Klauensohle Unterseite der Schale, mit der das Tier auftritt.
Kiel Teil der Feder; besteht aus Schaft und Spule.
Kreuztritt Hierbei wird der Hinterfuß seitlich auf die Hinterpartie des Vorderfußabdruckes gesetzt.
Latrine Größere Ansammlung von Kot; Abort (z. B. Kaninchen, Dachs).
Malbaum Baum, an dem sich Wildschweine oder Hirsche nach dem Schlammbad (Suhle) reiben.
Schalen Hornschuhe zum Schutz der Zehenendglieder bei Huftieren.
Schrank Der Abstand zwischen den Trittsiegelreihen der linken und rechten Füße.
Schreitvögel Große Vögel mit langen Beinen, z. B. Störche, Reiher, Flamingos.
Schrittlänge Der Abstand zwischen 2 Abdrücken des selben Fußes in einer Fährte.
Schwammgewebe Teil des Blattgewebes; dient der Durchlüftung des Blattes.
Sohlengänger Säugetiere, die mit der ganzen Sohle auftreten (z. B. Bär, Dachs); dabei drücken sich alle Ballen ab.
Speiballen s. Gewölle
Spielnest Unvollständige Nester, vom Vogel-♂ gebaut; das ♀ wählt eines davon aus und vollendet es.
Splint Die lebenden, jüngsten Jahresringe eines Baumes.
Stubben Morscher Baumstumpf.
Taiga Nadelwaldgürtel auf der nördlichen Erdhalbkugel.
Trab Mittelschnelle Gangart bei diagonaler Fußfolge.
Trittbild Anordnung der Trittsiegel eines Tieres bei den verschiedenen Gangarten.
Trittlänge Maß, das die Gesamtlänge des Vogelfußes von der Spitze der Mittelzehe bis zur Spitze der Hinterzehe angibt.
Trittsiegel Einzelner Abdruck eines Fußes, einer Pfote oder eines Hufes.
Tundra Klimatisch extremer Landschaftstyp mit niedriger Vegetation (Moose, Flechten, Zwergsträucher) oberhalb bzw. nördlich der Baumgrenze.
übereilen Bei schnelleren Gangarten werden die Hinterfüße vor den Vorderfüßen aufgesetzt.
verschobener Hasensprung Häufigstes Trittbild vieler flüchtender Säugetiere; ähnelt einem Hasensprung, jedoch stehen die Vorderfüße nicht genau hintereinander und die Hinterfüße nicht genau nebeneinander.
Warte Ansitzplatz von Vögeln bei der Jagd auf Beutetiere.
Wechsel Von Tieren ausgetretene Pfade, die regelmäßig benutzt werden.
Zehengänger Säugetiere mit Pfoten; sie treten nur mit Zehen- und Hauptballen auf.
Zehenspitzengänger Säugetiere mit Hufen; sie treten nur mit den von Schalen geschützten Zehenspitzen auf.
zurückbleiben Die Spitzen der hinteren Füße werden auf die Ballenabdrücke der vorderen Füße gesetzt.

Fährten

Einführung

Säugetiere kann man aufgrund ihrer Fußanatomie in 3 Gruppen einteilen (vgl. Abb. rechts): Sohlengänger (a), Zehengänger (b) und Zehenspitzengänger (c). Die Füße von Sohlen- und Zehengängern werden als Pfoten bezeichnet. Auf der Unterseite einer Pfote erkennt man die Ballen: Pro Zehe ein Zehenballen, dahinter der Hauptballen, hinter diesem die Fersenballen; je nach Dichte der Behaarung sind sie mehr oder weniger deutlich sichtbar. Die Anordnung und Form der Ballen im Trittsiegel ist für jede Art typisch. Sohlengänger treten mit der ganzen Fußsohle auf, dadurch werden alle Ballen im Trittsiegel abgedrückt. Bei den Zehengängern drücken sich dagegen nur Zehen- und Hauptballen ab.
Die Anzahl der Zehen, mit denen die Tiere auftreten, ist bei den Zehenspitzengängern auf 2 (Paarhufer) bzw. 3 oder 1 (Unpaarhufer) reduziert. Die Endglieder ihrer verbliebenen Zehen sind durch Hornschuhe (Hufe) geschützt – bei den Paarhufern bezeichnet man diese als Schalen; pro Fuß sind jeweils 2 Schalen ausgebildet. Die Schalenunterseite wird Klauensohle genannt. Seitlich wird sie von den Schalenwänden begrenzt.

Hundepfote

Rinderklaue

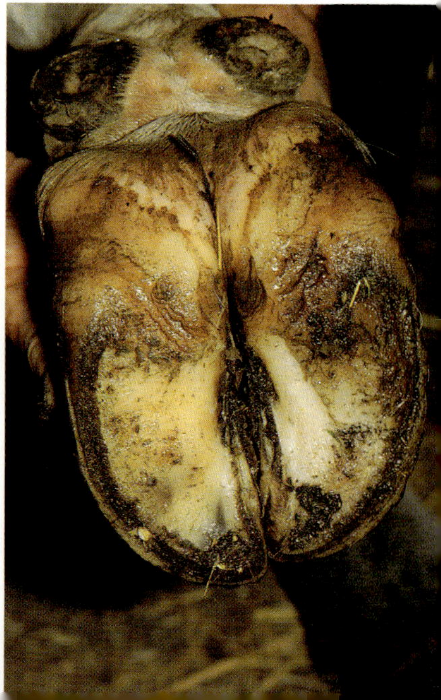

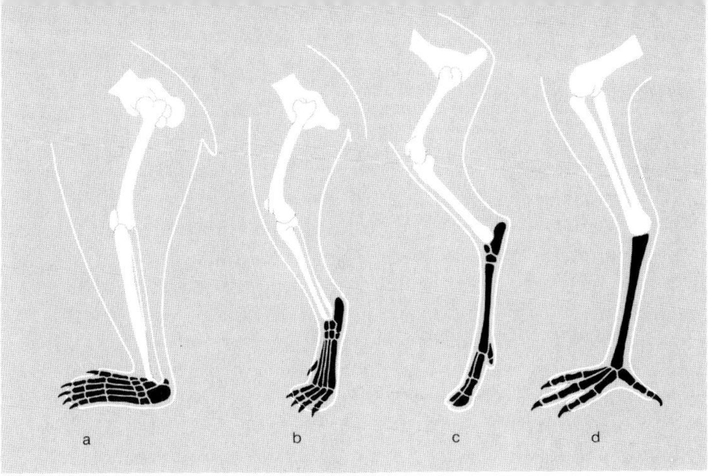

Diese ragen über die Sohle hinaus und werden im Trittsiegel als sog. Schalenrand meistens scharf abgedrückt. Am hinteren Rand der Klauensohle befindet sich der Ballen. Der Grad der Spreizbarkeit der beiden Schalen ist eine wichtige Bestimmungshilfe. In der Regel lassen sich die Schalen der Vorderfüße stärker spreizen als die der Hinterfüße. Bei steigender Geschwindigkeit nimmt auch die Spreizung der Schalen zu. An der Fußrückseite sitzen die sog. Afterklauen. Ihr möglicher Abdruck im Trittsiegel wird für die Artbestimmung bei Huftieren herangezogen.
Die hintereinander angeordneten Trittsiegel ergeben die typische Fährte eines Tieres. Je nach Geschwindigkeit und Laufart kann ein Tier verschiedene Trittbilder hinterlassen.
Im **Gang,** der langsamsten Gangart, werden die Hinterfüße mehr oder weniger genau in die Abdrücke der Vorderfüße gesetzt; dadurch entstehen 2 Reihen von Abdrücken nebeneinander. Der Abstand zwischen diesen beiden Reihen, der Schrank, ist je nach Größe des Tieres unterschiedlich breit. Die Schrittlänge ist im Gang am kürzesten.
Bei der nächst schnelleren Gangart, dem **Trab,** setzt das Tier ebenfalls die Hinterfüße mehr oder weniger genau in die Abdrücke der Vorderfüße, die Schrittlänge vergrößert sich jedoch, die Schrankbreite nimmt ab. Mit zunehmender Geschwindigkeit übereilen die Tiere.
Beim **Galopp,** der schnellsten Fortbewegungsart, setzen die Tiere die Hinterfüße weit vor den Vorderfüßen auf. Es entstehen unterschiedliche Trittbilder bei ein und demselben Tier, aber fast immer wird jeder Fuß für sich abgedrückt. Die Schrittlänge ist hier am größten.
Vögel treten nur mit den Zehen auf (Abb. oben, d). Beim Grundtyp des Vogelfußes sind 3 Zehen nach vorne und eine nach hinten gerichtet.

Elch *Alces alces* 1/2

Auf die Spur unseres größten Hirsches, des Elches, trifft man hauptsächlich in abwechslungsreicher Waldlandschaft mit Mooren, Sümpfen und Seen im Norden und Osten Europas. Das Elch-Trittsiegel (1) hat eine annähernd rechteckige Form, die einzelnen Schalen sind lang und spitz zulaufend; bei ausgewachsenen Elchen sind die Spitzen abgerundet. Beim Laufen auf moorigem Untergrund spreizen sich die Schalen weit auseinander und verhindern so das Einsinken der schweren Tiere. Da die Afterklauen relativ niedrig sitzen, sind sie häufig in der Spur als Abdruck zu sehen. Das Trittsiegel eines ausgewachsenen ♂ ist ca. 13–16 cm lang und 11–13 cm breit, der Abdruck der ♀♀ und Jungtiere ist entsprechend kleiner. Bei den meisten Elchen ist der Vorderhuf breiter und stärker spreizbar als der Hinterhuf.

Die häufigsten Gangarten des Elches sind Gang (2a) und Trab (2b). Beim Gang tritt der Hinterhuf in die Spur des Vorderhufes (Schrittlänge 90–120 cm), im Trab übereilt der Elch häufig sehr weit. Bei dieser Gangart sind die Schalenabdrücke ziemlich parallel. Erwachsene Elche galoppieren nur selten, Jungtiere dagegen häufig.

Ren *Rangifer tarandus* 3/4

Der Lebensraum des Rens sind die Tundra- und Taigagebiete Skandinaviens, Finnlands und Rußlands. Das Trittsiegel (3) dieses Hirsches hat durch die beiden halbmondförmig gebogenen Schalen seine typische runde Form. Die großen Afterklauen sind sehr weit unten angelegt und werden selbst bei ruhigem Gang in der Spur abgedrückt. Die Länge des Trittsiegels eines Hirsches liegt zwischen 8 und 10 cm, die Breite zwischen 9 und 11 cm. Der Abdruck beim ♀ ist in der Regel mehr zugespitzt und kleiner.

Beim ruhigen Gang (4a), z. B. während der Nahrungssuche wird der Hinterfuß in die Spur des Vorderfußes gesetzt, dabei wird die Spreizung besonders deutlich (Schrittlänge 100–120 cm). Größere Strecken überwinden die Tiere im Trab (4b). Auch bei dieser Gangart setzen die Tiere den Hinterfuß in die Spur des Vorderfußes, im Unterschied zum Gang ist die Schrittlänge jedoch größer und die einzelnen Abdrücke liegen in einer Linie.

1 ◁
2 ▷

3 ◁
4 ▷

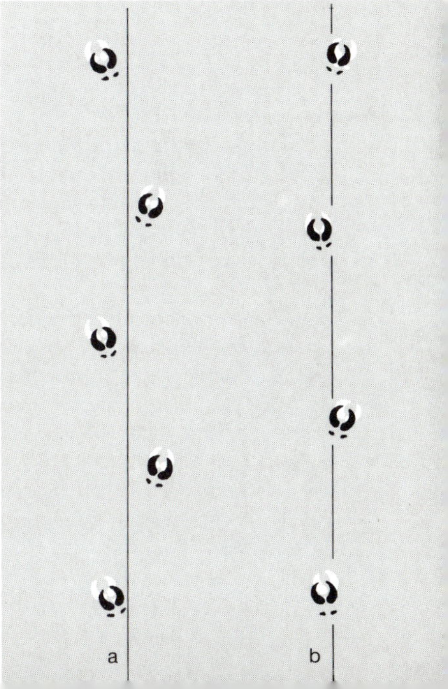

Fährten

Rothirsch *Cervus elaphus* 1/2

Die Spur des Rotwildes kann man in vielen Waldgebieten Europas von der Ebene bis in das Hochgebirge antreffen. Das Trittsiegel (1) eines ausgewachsenen Hirsches ist breitoval mit fast parallel verlaufenden Schalenrändern und einer stumpfen, abgerundeten Spitze. In einem deutlichen Abdruck nimmt der Ballen ca. ⅓ der Schalenlänge ein. Die Länge eines Vorderhufes beträgt 7,5–9,5 cm, die Breite 6–7,5 cm. Der Hinterhuf ist immer etwas kleiner. Die relativ hoch sitzenden Afterklauen werden nur bei schneller Gangart, in Schnee oder auf Schlamm abgedrückt. Das mehr eiförmige Trittsiegel der Hirschkuh ist meistens kürzer, schmaler und spitzer als das des Hirsches (Länge des Vorderhufes 6–7 cm, Breite 4,5–5,5 cm.

Bei der häufigsten Gangart, dem Gang (2a) und beim Trab werden die Hinterhufe in etwa in die Abdrücke der Vorderhufe gesetzt (Schrittlänge 50–70 cm). Junge bzw. schwache Tiere übereilen, während ältere Tiere zurückbleiben; ein Kennzeichen von erwachsenen Hirschen ist der Kreuztritt (1). Beim Galopp (2b) und Sprung übereilen Rothirsche immer, es entsteht das Trittbild eines verschobenen Hasensprungs, jedoch liegen die Abdrücke der Hinterläufe beim Sprung mehr nebeneinander als beim Galopp.

Damhirsch *Dama dama* 3/4

Die Gangarten von Rot- und Damwild sind leicht zu verwechseln. Der einzige Unterschied bei Gang und Trab (4a) liegt in der kürzeren Schrittlänge: 45–50 cm. Auf der Flucht galoppieren Damhirsche wie Rothirsche (Sprunggruppe ein verschobener Hasensprung) oder sie schnellen den Körper mit allen 4 Läufen gleichzeitig in die Höhe und damit vorwärts (Sprunggruppe trapezförmig; 4b).

Das einzelne Trittsiegel (3) des Damhirsches ist kleiner als das des Rothirsches, die Schalen sind schmäler und stärker zugespitzt, der Abdruck sieht länglich eiförmig aus. Die Länge beträgt 6,5–8 cm, die Breite 4,5–5,5 cm. Die vorderen Schalen sind größer und breiter als die hinteren. Das auffälligste Unterscheidungsmerkmal im Trittsiegel zwischen Rot- und Damhirsch ist der Abdruck des Ballens: Während dieser beim Rothirsch rund ⅓ der Schalenlänge einnimmt, reicht er beim Damhirsch bis zur Mitte. Die Trittsiegel der ♀♀ sind kleiner, spitzer und schlanker als die der ♂♂. Sie erreichen eine Länge von 5–6 cm und eine Breite von 3–3,5 cm. Damhirsche leben bei uns bevorzugt in Laub- und Mischwäldern mit Parkcharakter.

1 ◁

2 ▷

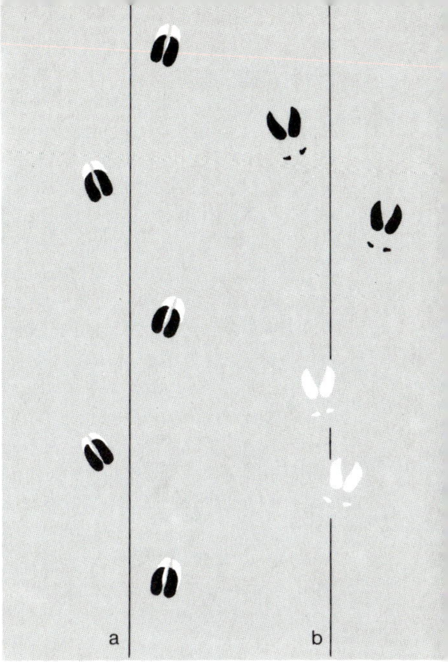

3 ◁

4 ▷

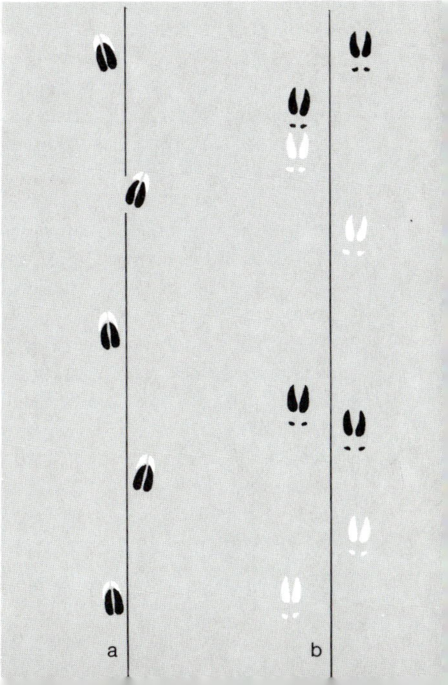

Reh *Capreolus capreolus* 1/2

In abwechslungsreichen Waldgebieten und Wiesenlandschaften fast ganz Europas trifft man auf die Spur der Rehe. Von allen europäischen Huftieren haben sie die kleinsten Trittsiegel (1); diese sind länglich herzförmig, 4–5 cm lang und ca. 3 cm breit. Die Hufe von ♂ und ♀ unterscheiden sich kaum in der Größe. Die einzelnen Schalen sind schmal und spitz, bei älteren Tieren meistens vorne abgerundet. Im Gegensatz zu Rothirschen (s. S. 12) haben Rehe längliche Ballen.

Am häufigsten wendet das Reh den Gang (2a) an, dabei werden die Trittsiegel etwas nach außen gestellt, auf weichem Boden kann der Abdruck der Afterklauen erscheinen. Wie auch beim langsamen Trab tritt der Hinterfuß in den Abdruck des Vorderfußes (Schrittlänge 60–90 cm). Beim schnellen Trab übereilt das Reh, die einzelnen Trittsiegel stehen in einer geraden Linie. Die typische Fluchtfährte ist der verschobene Hasensprung (2b) - Sprungweite 2–4(–7) m; dabei drücken sich die Afterklauen besonders deutlich ein. Auch die Spreizung der Vorderhufe ist hier besonders stark ausgeprägt, noch stärker als bei allen anderen Schalenwildarten.

Gemse *Rupicapra rupicapra* 3/4

Gemsen sind überaus geschickte Kletterer der Matten- und Felsregion im Gebirge. Ihre ausgezeichnete Trittsicherheit verdanken sie dem speziellen Bau ihrer Hufe: die Klauensohle ist weich und anpassungsfähig, die Schalenränder sind gummiartig elastisch mit einer kräftig entwickelten Kante, die sich meist scharf abdrückt; beide Schalen sind sehr stark spreizbar. Da sich Gemsen im Sommerhalbjahr vorwiegend auf felsigem Untergrund bewegen, hinterlassen sie nur selten deutliche Spuren; im Schnee jedoch finden wir die rechteckig geformten Trittsiegel (Länge 6 cm, Breite 3,5–5 cm) (3). Der ebenfalls in der Felsregion lebende Steinbock *(Capra ibex)* hat größere Trittsiegel: Länge 7–10 cm, Breite ca. 6 cm.

Die einzelnen Schalenabdrücke bei der Gemse sind länglich-keilförmig. Zwischen den vorne abgestumpften Einzelschalen ist stets ein deutlicher Spalt von 10–12 mm. Beim Gang (4a) beträgt die Schrittweite 35–50 cm. Die relativ hoch angesetzten Afterklauen drücken sich nur auf weichem Boden oder in Schnee ab. Beim Absprung geben die Fußgelenke stark nach, so daß die Afterklauen ca. 10 cm hinter dem Trittsiegel abgedrückt werden (Sprungweite 5–7 m). Flüchtige Gemsen übereilen, das Trittbild entspricht dann einem verschobenen Hasensprung (4b).

1 ◁

2 ▷

3 ◁

4 ▷

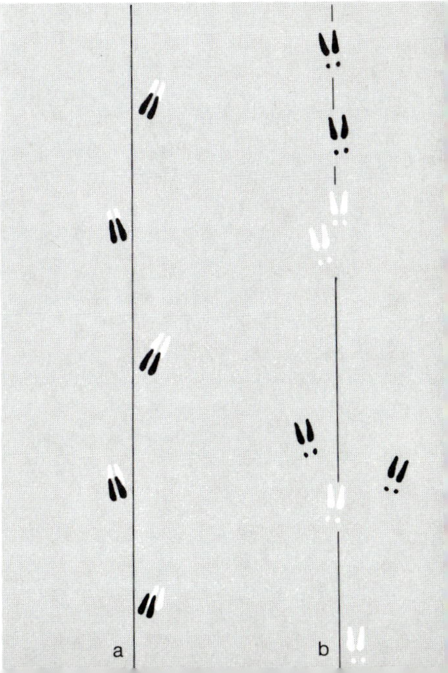

Fährten

Wildschwein *Sus scrofa* 1/2

In Laub- und Mischwäldern mit Wasserstellen, die auch zum Suhlen geeignet sind, lebt das Wildschwein. Die Form des Wildschweintrittsiegels (1) entspricht einem Trapez; das rührt von der kräftigen Ausbildung, dem niedrigen Ansatz und der seitlichen Anordnung der stets abgedrückten Afterklauen her. Nur bei Frischlingen kann der Abdruck der Afterklauen fehlen. Die Schalen erwachsener Wildschweine sind kräftig und abgerundet, die der Jungtiere zugespitzt. Je nach Alter der Tiere variiert die Größe des Trittsiegels. Jungtiere: Länge 3–5,5 cm, Breite 2,5–5 cm; Alttiere: Länge 6–9 cm, Breite 5–7 cm. Trittsiegel weiblicher Wildschweine sind meistens an der Spreizung der Spitze zu erkennen. Beim Gang oder Trab (2) setzen die Tiere ihre Hinterfüße jeweils in die Vorderfußabdrücke oder knapp dahinter, wodurch ein Doppelabdruck der Afterklauen (1) entsteht. Die Schrittlänge erwachsener Wildschweine liegt zwischen 35 und 45 cm. Bei Galopp und Sprung drücken sich alle 4 Hufe deutlich ab, die Schalen werden stark gespreizt; es entsteht dabei die Form eines verschobenen Hasensprungs. In vollem Galopp können Wildschweine 70 Stundenkilometer erreichen. Im tiefen Schnee gehen Wildschweine im Gänsemarsch hintereinander her, eine auffällige, tiefe Rinne im Schnee deutet auf ihre Anwesenheit hin.

Hausrind *Bos taurus* 3

Die Trittsiegel der Kühe (3) sind mehr oder weniger rundlich, zwischen den Schalen befindet sich ein ovaler Spalt. Die einzelnen Schalen sind leicht nach innen gebogen, die Schalenspitzen sind abgerundet. Die hochangesetzten Afterklauen hinterlassen in der Regel keine Abdrücke. Die Größe der Trittsiegel variiert je nach Rasse und beträgt in der Länge ca. 10–12 cm, in der Breite 9–10 cm.

Hauspferd *Equus caballus* 4

Pferde sind Unpaarhufer; ihr Trittsiegel besteht nur aus einem Schalenabdruck. Die Spur beschlagener Pferde (4) erkennt man am meist deutlichen Abdruck des Hufeisens. Unbeschlagene Pferde hinterlassen große, rundliche Abdrücke, die am hinteren Rand eingeschnitten sind. Je nach Rasse des Pferdes variiert die Größe der Abdrücke stark; bei den größeren Rassen sind sie ca. 10 cm lang und 8–9 cm breit.

1 ◁

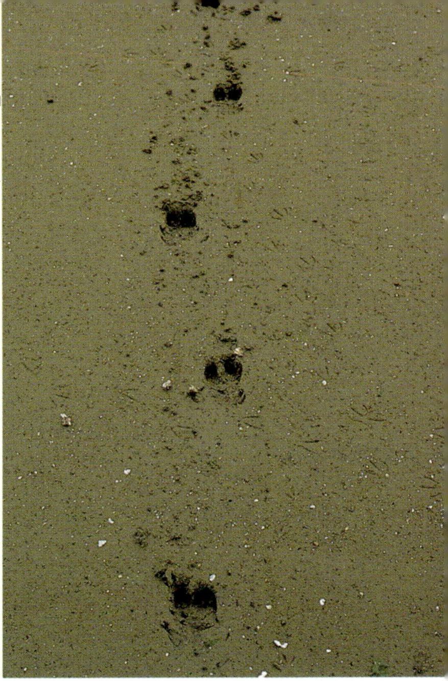

2 ▷

3 ◁

4 ▷

Haushund *Canis familiaris* 1

Trittsiegel von kleinen Hunden und Füchsen sind leicht zu verwechseln. Der Abdruck der Hundepfote ist jedoch runder, die Ballen sind größer und stehen dichter beieinander (1), die Krallen bilden stumpfe Marken. Die Größe der Trittsiegel schwankt je nach Rasse, stets ist jedoch der Abdruck der Vorderpfote länger und breiter als der der Hinterpfote. Die Gangarten des Hundes entsprechen weitgehend denen des Fuchses, am häufigsten bewegen sich Hunde in der Paarspur (3a).
Nur in wenigen abgelegenen Wald- und Gebirgsgegenden Europas leben noch kleine Bestände des **Wolfs** *(Canis lupus).* Sein Trittsiegel ist dem großer Hunde sehr ähnlich, jedoch ist der Abstand zwischen den Zehen- und Hauptballen größer. Länge der Vorderpfote 9–11 cm, Breite 8–10 cm; die Hinterpfote ist etwas kleiner. Die häufigste Gangart ist der Trab; auf der Flucht entstehen trapezförmige Trittbilder.

Fuchs *Vulpes vulpes* 2/3

Die ovalen Trittsiegel des Fuchses (2) finden wir in fast jedem Landschaftstyp, manchmal sogar in Dörfern und Städten. Der Pfotenabdruck zeigt neben dem Hauptballen 4 Zehenballen mit deutlichen Krallenmarken. Die Ballen der beiden mittleren Zehen liegen eng nebeneinander auf gleicher Höhe, dahinter die Ballen der beiden äußeren Zehen - ebenfalls in gleicher Höhe. Der Zwischenraum zwischen Zehen- und Hauptballen ist relativ groß, weil der Hauptballen sehr weit hinten liegt. Vorder- und Hinterpfoten sind ungefähr gleich groß (Länge ca. 5 cm, Breite 3,5–4,5 cm). Im Winter sind die Pfoten stärker behaart, daher drücken sie sich nicht so deutlich ab wie im Sommer; durch die verwischten Ränder wird die Form der Trittsiegel mehr rund.
Der Fuchs bewegt sich auf verschiedenste Art und Weise vorwärts, am häufigsten jedoch im Trab. Dabei ist die Körperhaltung leicht schräg zur Fortbewegungsrichtung, die Hinterfüße werden in die Spuren der schräg versetzt stehenden Vorderfüße gesetzt (Paarspur 3a). Beim schnellen Trab liegen die Abdrücke der rechten und linken Pfoten auf einer Linie (Schnüren 3b). Schrittlänge beim Trab 65–80 cm. Flüchtende Füchse hinterlassen sehr verschiedenartige Trittbilder (3c): den verschobenen Hasensprung, den sog. Kreuztritt (mi) oder eine trapezförmige Anordnung der Abdrücke. Bei allen Flucht-Trittbildern werden die Hinterpfoten vor den Vorderpfoten aufgesetzt.

1 ◁

2 ▷

3 ▽

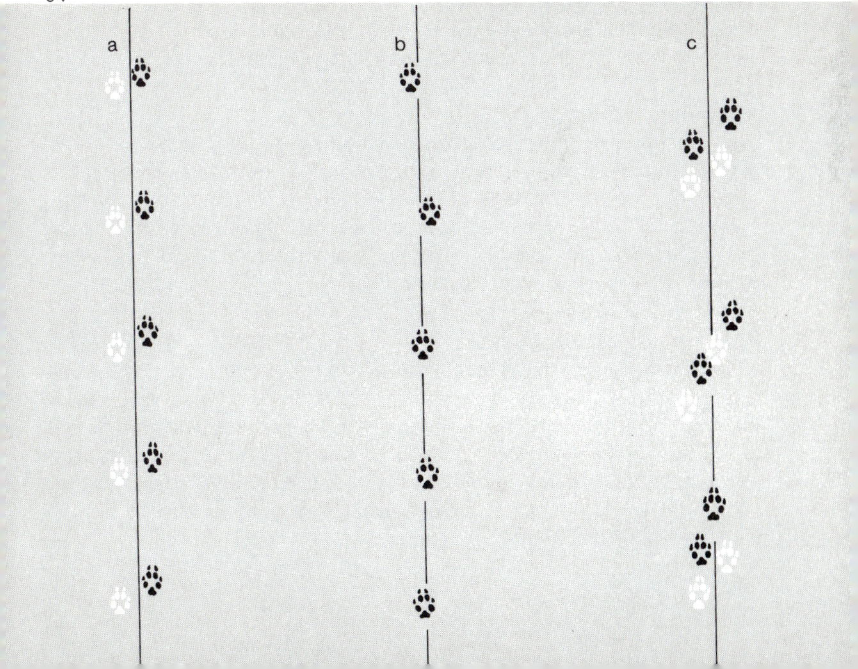

Steinmarder *Martes foina* 1/2

Steinmarder, häufige Bewohner der offenen, schlupfwinkelreichen Kulturlandschaft, haben nackte Sohlenballen; daher drücken sich im deutlichen Trittsiegel (1) meist alle 5 Zehenballen, der dreilappige Hauptballen und die Krallen ab; der Abdruck der innersten Zehe ist jedoch oft nur angedeutet. Die rundlich-ovalen Trittsiegel sind vorne 3,5 cm, hinten 4 cm lang und jeweils 3 cm breit. Die häufigste Fortbewegungsart des Steinmarders ist der Zweisprung, bei dem die Hinterpfoten genau in die Abdrücke der schräg nebeneinanderstehenden Vorderpfoten gesetzt werden (Schrittlänge 40–60 cm). Die Zweisprungfolge wird manchmal durch einen Dreisprung unterbrochen, wobei das Tier nur einen Hinterfuß in den entsprechenden Vorderfußabdruck setzt, den anderen jedoch daneben. Flüchtende Steinmarder (2) hinterlassen unterschiedliche Trittbilder; meistens werden alle 4 Pfoten abgedrückt (Schrittlänge ca. 1 m).

Baummarder *Martes martes* 3

Die Spur von Baummardern findet man nur in ausgedehnten Waldgebieten abseits menschlicher Siedlungen. Durch die stark behaarten Pfotenunterseiten sind die Ballen im Trittsiegel meist nicht zu erkennen (3), die Ränder der Abdrücke sind verwischt. Das einzelne Trittsiegel ist ca. 1 cm größer als das des Steinmarders. In den Gangarten ähneln sich beide Arten, beim Baummarder kommt jedoch der Dreisprung häufiger vor.

Hermelin *Mustela erminea* 4/5

Das Trittsiegel des Hermelins (4) ist eine kleine Ausgabe von dem des Steinmarders: (♂) Länge vorne 2 cm, hinten 3,5 cm; Breite vorne 1,5 cm, hinten 1,3 cm. Die Trittsiegel der ♀♀ sind kleiner. Durch die stärkere Behaarung im Winter sind die Ballen im Abdruck verwischt. Das Hermelin bewegt sich meistens im Zweisprung (s. oben) fort. In Abb. 5 sind Grabspuren an einem Mauseloch zu erkennen.

Iltis *Mustela putorius* 6

Das Trittsiegel des Iltis (6) ähnelt dem des Steinmarders, ist aber kleiner: Länge vorne 2,5–3,5 cm; hinten 2,4–2,8 cm, auf weichem Boden 4–4,5 cm, da dann ein größerer Teil des Fußes abgedrückt wird; Breite vorne 2,5–4 cm, hinten 2,5–3,5 cm. Zwei- oder Dreisprung (s. oben) sind die häufigsten Fortbewegungsarten. Auf der Flucht hinterlassen Iltisse Trittbilder ähnlich denen des Steinmarders, außerdem viereckige Spuren, die an die des Eichhörnchens (s. S. 28) erinnern.

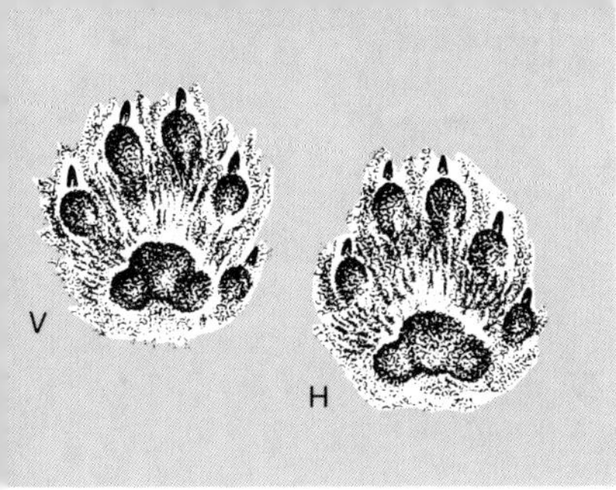

1 ◁

2 ▷

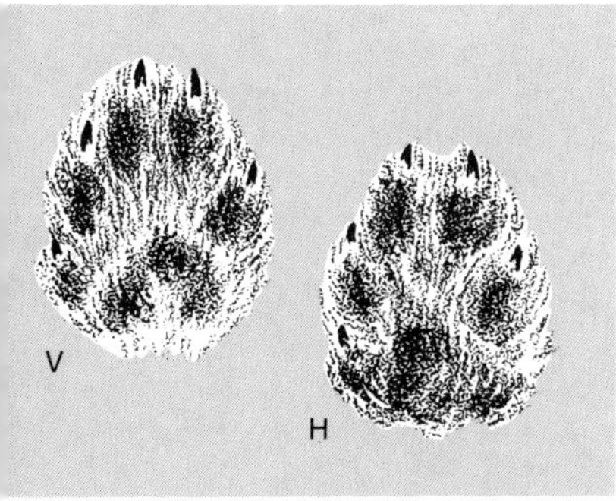

3 ◁

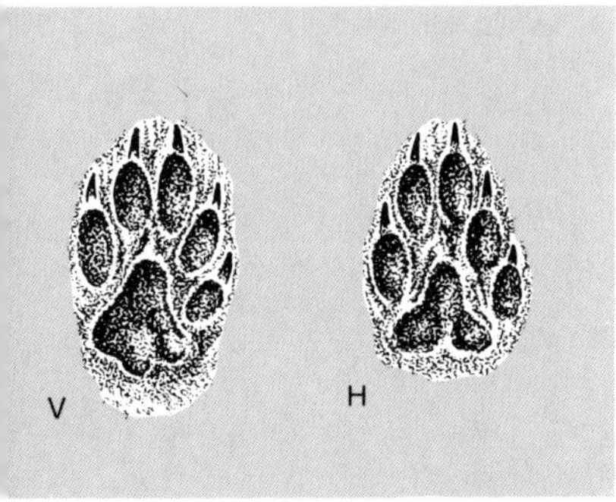

4 ◁

5 ▷

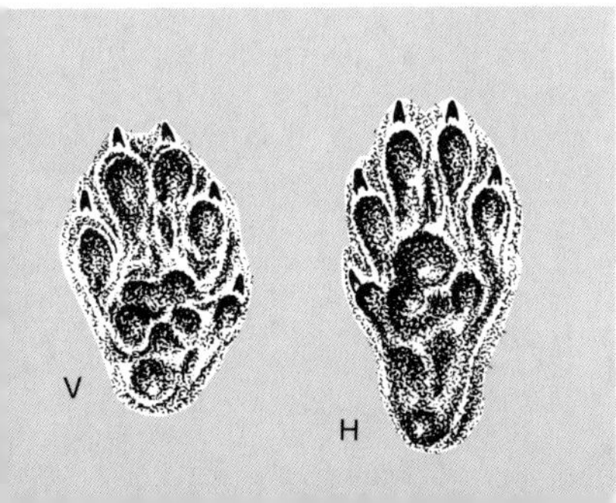

6 ◁

Dachs *Meles meles* 1/2

Dachse sind ausgeprägte Einzelgänger, die hauptsächlich in Laub- und Mischwäldern, Parklandschaften und Sumpfgebieten leben. Typisch an der Dachsspur ist die leichte Innenwendung der Pfotenabdrücke. Das Trittsiegel (1) des Dachses erinnert an das eines kleinen Bären (s. S. 24); beide sind Sohlengänger, allerdings erscheint der Fersenballen der Vorderpfote beim Dachs nicht im Abdruck. Da die Pfotenunterseite nicht behaart ist, sind alle Ballen in der Spur deutlich zu sehen. Die Vorderpfote des Dachses erkennt man an den 5 starken Krallen, die meistens 2–3 cm vor den Zehenballen abgedrückt werden. Die Hinterfußkrallen sind nur 1 cm lang. Die Länge des Vorderpfotentrittsiegels beträgt 5 cm, bei Abdruck des Fersenballens bis 7 cm, die Breite 4–5 cm. Die Hinterpfoten werden mit der ganzen Sohle abgedrückt, sie sind 6,5 cm lang und 3,5–4 cm breit.

Die häufigste Bewegungsform des Dachses ist der behäbige Gang (2a); dabei setzt er die Hinterpfoten etwas nach hinten versetzt in die Abdrükke der Vorderpfoten (Schrittlänge 30–50 cm). Im Trab übereilt der Dachs, seine Schrittlänge liegt dann zwischen 70 und 80 cm. Um offene Flächen zu überqueren, verfallen Dachse manchmal in Galopp (2b).

Fischotter *Lutra lutra* 3/4

Ein in Europa sehr selten gewordener Bewohner von langsam fließenden, sauberen Gewässern, von Seen und Sumpfgebieten ist der Fischotter. Er ist der einzige Marder unserer Breiten mit Schwimmhäuten zwischen den Zehen; deren Abdruck sieht man allerdings nur auf weichem Boden oder in Schnee. Im Schnee erkennt man Fischotterfährten zusätzlich an der typischen Schleifspur des Schwanzes (4). Die Form des Vorderpfotenabdruckes ist rund, denn die Zehen werden weit gespreizt (Länge und Breite ca. 6,5 cm) (3). Die Hinterpfoten verjüngen sich nach hinten; sie sind 6–9 cm lang, wenn die ganze Sohle abgedrückt wird bis 12 cm lang, und ca. 6 cm breit. Bei Vorder- und Hinterpfoten werden die Krallen nur schwach abgedrückt.

Fischotter gehen nur selten im Schritt (4), die typische Fortbewegungsweise ist der Zweisprung (s. Steinmarder). Die Trittbilder bei schnellerer Fortbewegung ähneln denen des Steinmarders. Daneben entsteht noch eine Fluchtspur, bei der die Abdrücke aller 4 Pfoten in einer schrägen Reihe nebeneinander stehen. Die verspielten Wassermarder rutschen oft im Schnee Böschungen hinunter, so daß 40–50 cm breite Rinnen entstehen, sog. Rutschbahnen.

1 ◁

2 ▷

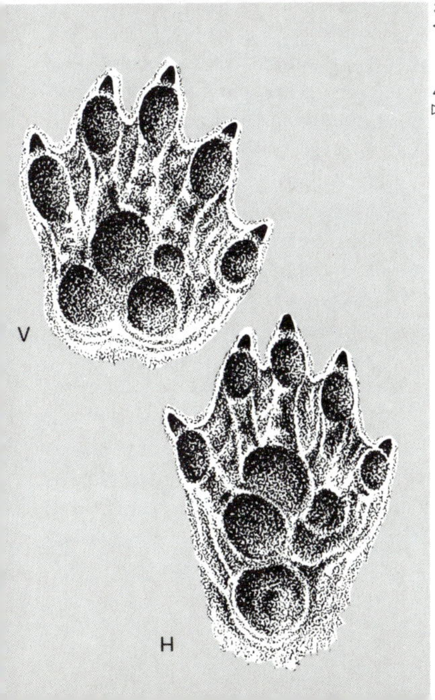

3 ◁

4 ▷

Braunbär *Ursus arctos* 1/2

Große, entlegene Waldgebiete mit reichem Unterwuchs und einsame Gebirgsgegenden sind die Heimat des Braunbären. Sein Trittsiegel (1) ist durch seine Größe und Form kaum zu verwechseln: Stets sind die in einer Reihe stehenden 5 Zehenballen mit den starken Krallen zu sehen; dahinter, durch zusammengeschobenes Bodenmaterial getrennt, wird der Hauptballen abgedrückt. Wie bei allen Sohlengängern sind die Fersenballen im Trittsiegel des Hinterfußes immer zu sehen. Sein Abdruck erinnert an den eines breiten Menschenfußes, doch im Unterschied zum Bärenfuß ist beim Menschen die innerste Zehe am größten. Länge des Hinterfußabdruckes 22–30 cm, Breite 13–17 cm. Die Fersenballen der Vorderfüße drücken sich nur bei weichem Boden ab, so daß die Trittsiegel meist kurz und breit aussehen. Länge 12 cm, mit Fersenballen je nach Alter und Geschlecht 22–28 cm; Breite 12–17 cm.
Beim Gang, der typischen Fortbewegungsart des Bären, setzt das Tier den Hinterfuß ein gutes Stück vor den nach innen gedrehten Vorderfuß (2). Beim seltenen Trab wird der Hinterfuß mehr oder weniger genau in den Abdruck des Vorderfußes gesetzt, dadurch erscheinen im Trittsiegel häufig die Abdrücke aller 10 Krallen.

Hauskatze *Felis silvestris* f. *catus* 3/5

Im Trittsiegel von Hauskatzen (3) sind die 4 kleinen, ovalen Zehenballen im Halbkreis angeordnet, dicht dahinter liegt der dreilappige Hauptballen; dadurch erscheint das Trittsiegel beinahe rund. Im Abdruck sind meistens keine Krallen zu sehen, da sie beim Laufen zurückgezogen werden. Länge der Vorderpfoten 2,5–3,5 cm, Breite ca. 3 cm; die Hinterpfoten sind etwas kleiner. Im Trab (5) schnüren Katzen ähnlich wie Füchse (s. S. 18), Schrittlänge ca. 35–45 cm; beim Anschleichen setzen sie ihre Pfoten dicht hintereinander auf. Beim Gang tritt der Hinterfuß etwas nach vorne versetzt in den Vorderfußabdruck. Auf der Flucht übereilen Katzen, es entstehen Trittbilder wie ein Trapez oder ein verschobener Hasensprung.

Luchs *Lynx lynx* 4

Die Trittsiegel (4) des seltenen Luchses entsprechen in der Form denen der Hauskatze, sind aber fast 3mal so groß: Länge 5–8 cm, Breite 5–7,5 cm, die Abdrücke der Hinterpfoten sind etwas kleiner. Die Trittbilder in den einzelnen Gangarten entsprechen denen der Hauskatze, jedoch ist die Schrittlänge und der Schrank beim Schnüren größer.

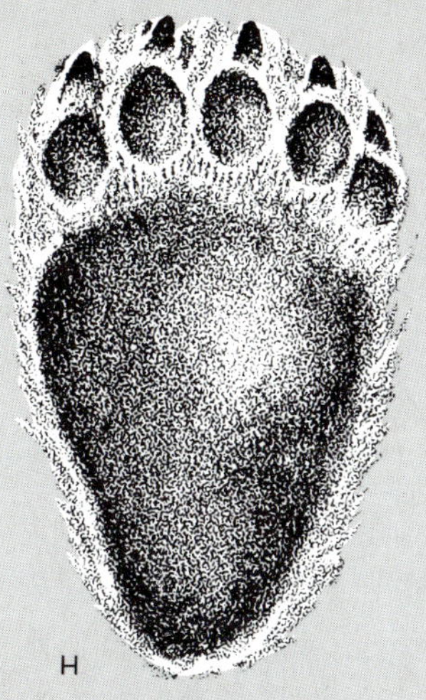

H

1 ◁

2 ▷

3 ◁

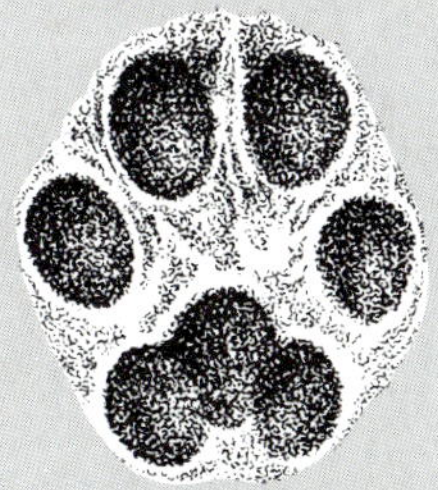

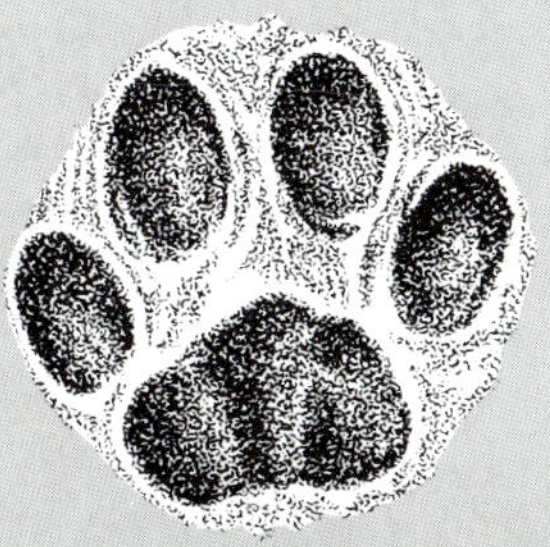

4 ◁

5 ▷

Fährten

Feldhase *Lepus capensis* 1/2/4

Der Feldhase - ursprünglich ein Steppenbewohner - lebt heute bei uns fast ausschließlich in der offenen und reichstrukturierten Kulturlandschaft. Feldhasenpfoten sind vorne zugespitzt. Die Vorderpfote besitzt 5 Zehen, aber der Daumen ist meist so stark zurückgebildet, daß er im Trittsiegel nicht abgedrückt wird; die Hinterpfote ist vierzehig. Die Pfotenunterseiten sind stark behaart, eigentliche Ballen fehlen, die Abdrükke von dicken Haarbüscheln täuschen im Trittsiegel (2) jedoch Zehenballen vor. Die starken Krallen der Hasenpfote werden stets mit abgedrückt, auf hartem Boden sieht man oft nur ihren Abdruck. Die Länge des Trittsiegels der Vorderpfote beträgt ca. 5 cm, die Breite 2,6–3 cm; die Länge des Hinterpfotenabdruckes hängt davon ab, ob das Tier auf Erde oder in Schnee gelaufen ist und liegt zwischen 7 und 12 cm; die Breite beträgt 3,5 cm.
Alle Hasenartigen bewegen sich aufgrund ihres Körperbaus ausschließlich hoppelnd vorwärts: dabei werden stets die Hinterpfoten nebeneinander vor die hintereinander gestellten Vorderpfoten gesetzt; alle 4 Pfoten werden als typische Sprunggruppe (Hasensprung 1 li) abgedrückt. Ihre Anordnung ist in allen Geschwindigkeiten gleich. Bei langsamem Hoppeln reihen sich die Trittbilder ohne Abstand aneinander, bei schnellerem Hoppeln (4) beträgt der Abstand ca. 50 cm, bei noch höherem Tempo kann er bis auf 1–3 m ansteigen.

Wildkaninchen *Oryctolagus cuniculus* 1/3

Die Spuren von Wildkaninchen und Feldhase sind leicht zu verwechseln, die Trittsiegel (3) und Sprunggruppen (1 re) des Wildkaninchens sind jedoch etwas kleiner; auch der Größenunterschied zwischen Vorder- und Hinterfußabdruck ist nicht sehr deutlich: Länge vorne 3 cm, hinten 4 cm; Breite vorne 2,5 cm, hinten 2,5–3 cm. Kaninchen bewegen sich ebenfalls nur hoppelnd fort; wegen der geringeren Größe ist jedoch der Abstand zwischen den einzelnen Sprunggruppen kleiner (bei schneller Flucht höchstens 1 m). Langsam hoppelnde Kaninchen hinterlassen neben dem typischen Hasensprung (1 re) gelegentlich ein Trittbild, das an die Spur des Eichhörnchens erinnert (s. S. 28): Dabei werden die Vorderpfoten nicht hintereinander, sondern nebeneinander aufgesetzt. Kaninchenspuren findet man in deckungsreichen Gras- und Heidegebieten und in Dünengelände; oft dringen die Tiere bis in die Parkanlagen der Städte vor.

1 △

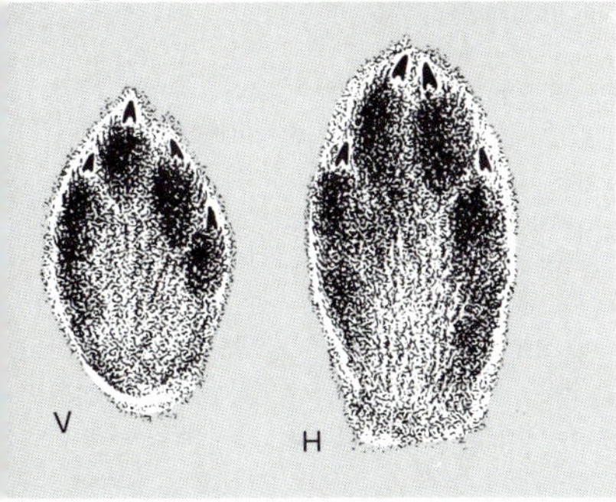

2 ◁

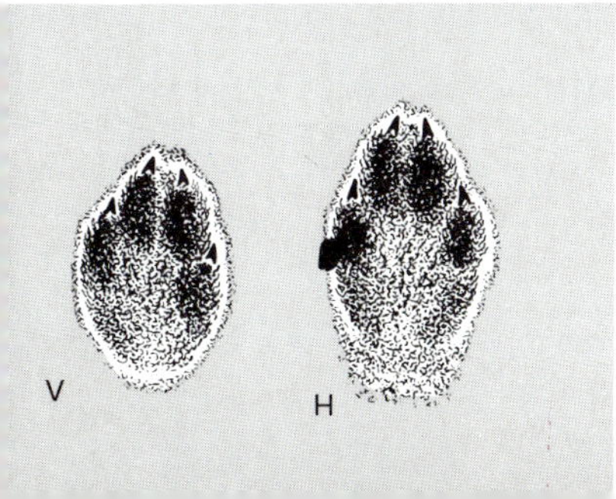

3 ◁

4 ▷

Fährten

Eichhörnchen *Sciurus vulgaris* 1/2

In Anpassung an die kletternde Lebensweise besitzt das Eichhörnchen, ein häufiger Bewohner unserer Wälder, Gärten und Parks mit alten Bäumen, am Vorderfuß 4 lange, stark spreizbare Zehen, die innerste Zehe ist verkümmert. Im Trittsiegel (1) drücken sich 4 Zehenballen, 3 Haupt- und 2 Fersenballen ab. Am Hinterfuß sitzen 5 Zehen, die 3 mittleren sind gleich lang und liegen eng nebeneinander, die beiden äußeren sind kürzer und können stark gespreizt werden. Der Hinterfuß weist 4 Hauptballen auf, aber keine Fersenballen, er drückt sich in der Spur meistens bis zum Fersengelenk ab. Die scharfen Krallen sind im Trittsiegel fast immer zu erkennen. Länge der Trittsiegel vorne 3–4 cm, hinten 4–5 cm; Breite vorne 1,5–2 cm, hinten 2,5–3,5 cm.

Ähnlich wie bei Hasen und Kaninchen ist die einzige Fortbewegungsart auf dem Boden das Hoppeln. Dabei setzt das Eichhörnchen die beiden kleineren Vorderpfoten gerade nebeneinander, mit den größeren Hinterpfoten übereilt es im Sprung, so daß diese - auch gerade nebeneinander - vor die Abdrücke der Vorderpfoten gesetzt werden; der Abstand zwischen den Hinterpfoten ist größer als der zwischen den Vorderpfoten (trapezförmige Sprunggruppe, 2).

Bisamratte *Ondatra zibethica* 3/4

Bisamratten wurden Anfang dieses Jahrhunderts aus Nordamerika bei uns eingebürgert und gehören heute zu den häufigeren Säugetieren in wasserpflanzenreichen Gewässern mit dichtem Uferbewuchs. Sie haben fünfzehige Füße, die innerste Zehe der Vorderpfote ist jedoch so stark reduziert, daß sie kaum in der Spur abgedrückt wird. Die Zehen sind relativ lang und tragen schmale Krallen. Da die Fußsohle unbehaart ist, drücken sich alle Haupt- und Fersenballen im Trittsiegel (3) meist gut ab. Die Zehenränder der Hinterfüße weisen Borstensäume auf, die die Fußfläche vergrößern, am Zehengrund befinden sich kurze Schwimmhäute. Die Zehen des Vorderfußes können relativ stark gespreizt werden. Die Länge der Trittsiegel beträgt vorne 3,5 cm, hinten 6–7 cm, die Breite vorne 3 cm, hinten 3,5–4,5 cm.

Bisamratten laufen häufig im Gang (4) oder Trab; dabei treten die Hinterfüße mehr oder weniger exakt in die Abdrücke der Vorderfüße. Auf weichem Untergrund, besonders im Schnee, hinterläßt der seitlich abgeplattete Schwanz in der Bisamratten-Fährte eine tiefe Furche (4).

1 ◁

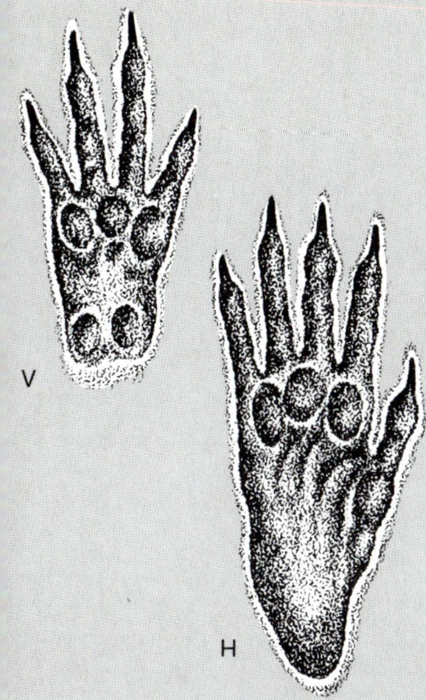

2 ▷

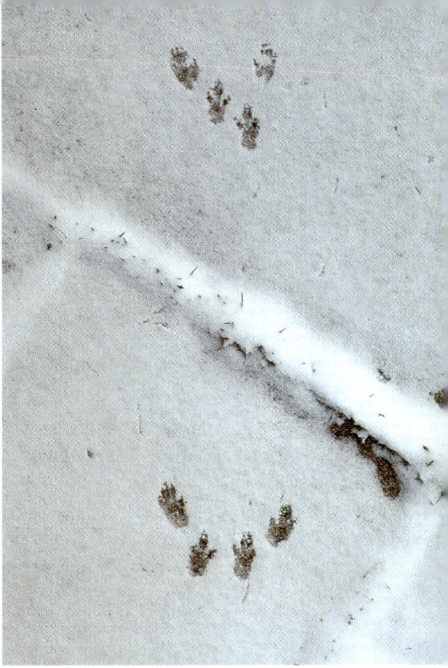

3 ◁

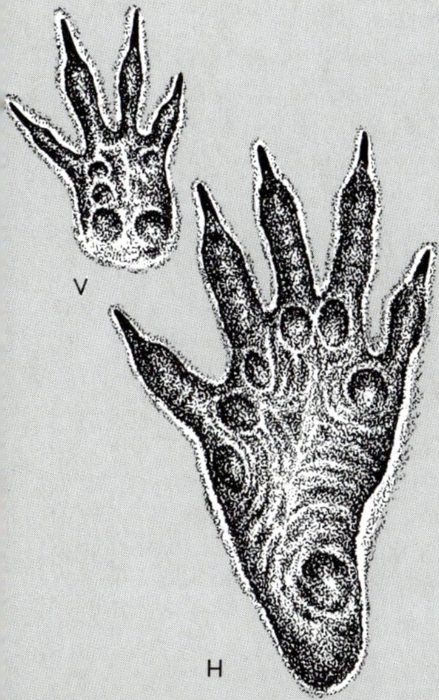

4 ▷

Mäuse U.ordnung *Myomorpha* 1/2/3/4

Auf die Spur von Mäusen trifft man überall in Europa in jedem Lebensraum. Weitaus die meisten Arten gehören zu den Echten Mäusen *(Muridae)* und den Wühlmäusen *(Arvicolidae)*.

Innerhalb der Familie der **Echten Mäuse** sind Haus- und Waldmaus sowie Wanderratte die häufigsten Arten. Echte Mäuse haben stets einen langen Schwanz (mindestens ⅔ der Körperlänge), große Augen und große Ohren, die deutlich aus dem Pelz hervorragen. Im Trittsiegel des Vorderfußes werden stets nur 4 Zehen abgedrückt, die innerste ist zurückgebildet und sitzt sehr hoch. Die Hinterfüße sind in der Regel viel länger als die Vorderfüße (Ausnahme Zwergmaus) und besitzen immer 5 Zehen. Die Zehen der Vorderfüße und die Außenzehen der Hinterfüße sind stark spreizbar (2).

Die Länge des Trittsiegels einer Waldmaus *(Apodemus sylvaticus)* beträgt vorne 1 cm, hinten 2–2,7 cm, die Breite jeweils 1 cm. Waldmäuse bewegen sich meistens springend vorwärts; dabei setzen sie ihre Hinterpfoten immer vor die Abdrücke der Vorderpfoten. Aneinandergereiht ergeben die entstehenden Sprunggruppen eine Doppelreihe von Fußeindrücken (1). Die Schleifspur des Schwanzes ist meistens als feine Rille zwischen den Fußabdrücken zu erkennen.

Wühlmäuse sind meist klein, gedrungen und stumpfschnäuzig; sie haben kleine Augen und Ohren und kurze Schwänze. Die häufigsten Wühlmausarten Europas sind Feld-, Erd- und Rötelmaus. Wühlmäuse haben wie die Echten Mäuse am Vorderfuß 4 Zehen (der Daumen ist verkümmert) und am Hinterfuß 5 Zehen; der Größenunterschied zwischen Vorder- und Hinterfuß ist nicht so markant wie bei den Echten Mäusen. Trittsiegelmaße der Feldmaus *(Microtus arvalis):* Länge vorne ca. 1 cm, hinten 1,5–1,8 cm; Breite jeweils ca. 1 cm. Die Trittsiegel von Wühl- und Echten Mäusen sind sehr ähnlich, jedoch können Wühlmäuse ihre äußeren Zehen stärker abspreizen. Daneben hinterlassen ihre kurzen Schwänze nur in hohem, pulverigem Schnee deutliche Spuren.

Wühlmäuse bewegen sich meist im Gang oder springend vorwärts. Im Schnee springen sie ähnlich wie Echte Mäuse; diese können aber aufgrund ihrer längeren Hinterfüße wesentlich weiter springen. Im Gegensatz zu Echten Mäusen laufen Wühlmäuse nur kurze Strecken oberirdisch, z. B. von einem Baueingang zum nächsten oder zu ihrem Vorratslager. Vielmehr wühlen sie unter dem Schnee weitverzweigte Gänge in den Pflanzenwuchs (3), die im Frühjahr nach der Schneeschmelze sichtbar werden (4).

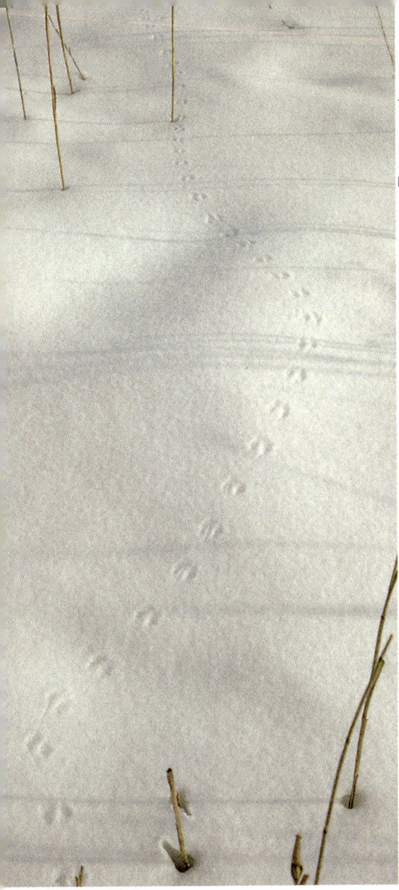

1 ◁

2 ▷

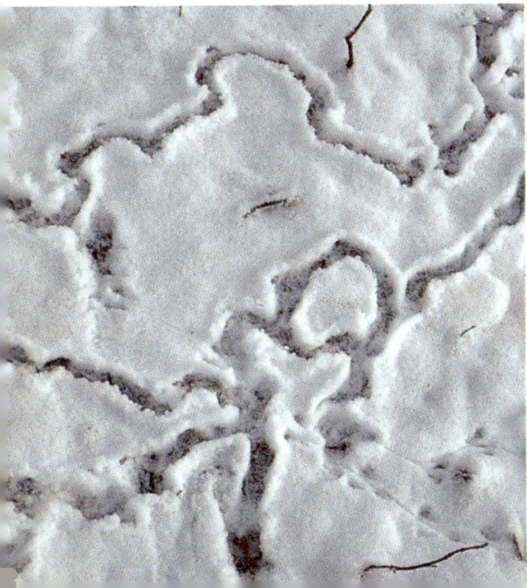

3 ◁

4 ▷

Enten U.familie *Anatinae* 1

An fast allen stehenden und langsam fließenden Gewässern Europas trifft man am Ufer auf die Spuren von Enten. Der typische Entenfuß hat 3 nach vorne gerichtete, durch eine Schwimmhaut verbundene Zehen und 1 Hinterzehe, die alle relativ lange Krallen besitzen. Die Schwimmhaut reicht bis zu den Krallen und endet mit einem geraden Rand.
Bei den Schwimmenten, z.B. Stockente *(Anas platyrhynchos)*, ist die mittlere Zehe gerade und am längsten (ca. 5–6 cm), die beiden äußeren Zehen sind leicht nach innen gebogen. Die hintere Zehe wird in der Spur als kurze Rille abgedrückt. Länge des Trittsiegels 7–8 cm, Breite 6,5–8 cm. Dagegen ist bei den Tauchenten (1), z.B. Reiherente *(Aythya fuligula)*, die Außenzehe die längste bzw. gleich lang wie die mittlere Zehe; an der Hinterzehe befindet sich im Gegensatz zu den Schwimmenten ein ledriger Hautlappen, der in einem deutlichen Trittsiegel einen ovalen Abdruck hinterläßt.

Gänse U.familie *Anserinae* 2

Wie Enten haben auch alle Gänse Schwimmhäute zwischen den 3 nach vorne gerichteten Zehen. Im Vergleich zum Entenfuß ist der Gänsefuß größer, die einzelnen Zehen sind kräftiger und breiter und der Fuß drückt sich wegen des größeren Gewichtes deutlicher ab. Die Mittelzehe ist am längsten und gerade, bei der Graugans *(Anser anser)* 8,5–9,5 cm lang, die beiden Außenzehen sind leicht nach innen gebogen. Die kurze Hinterzehe hinterläßt im Abdruck eine feine Rinne. Die Trittlänge der Graugans beträgt 10–12 cm, die -breite 8–10 cm. Beim Gehen werden die Füße nach innen gedreht. Da Gänse zur Nahrungssuche oft auf Felder und Wiesen fliegen, kann man bei uns auch weit ab vom Wasser auf Gänsespuren stoßen.

Bläßhuhn *Fulica atra* 3

Das Trittsiegel des Bläßhuhns, unseres häufigsten Wasservogels neben der Stockente, hat eine charakteristische Form: Die Zehen sind lang und dünn (Mittelzehe ca. 8–9 cm) und haben spitze Krallen. Die 3 nach vorne gerichteten Zehen sind von ziemlich breiten, ausgebuchteten Schwimmlappen umsäumt. Der Saum am Innenrand der mittleren Zehe ist am größten. Die ca. 3 cm lange hintere Zehe besitzt ebenfalls einen Hautlappen; in der Spur erscheint sie als ovaler, leicht nach innen gedrehter Abdruck (3). Die Trittlänge beträgt ca. 12 cm, die Breite ca. 10 cm.

1 △

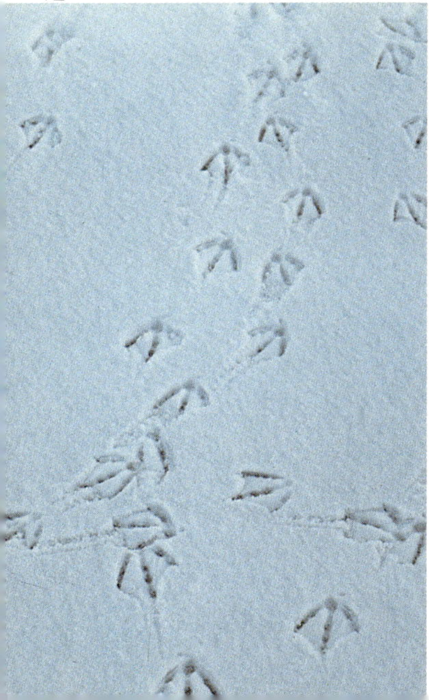

2 ◁

3 ▷

Fährten

Weißstorch *Ciconia ciconia* 1

In Feuchtgebieten, auf Wiesen und an Flußufern trifft man gelegentlich auf die Spuren nahrungssuchender Störche. Der Storch hat einen typischen Schreitvogelfuß: Die 3 nach vorne gerichteten Zehen sind relativ breit und kräftig; die beiden äußeren Zehen schließen einen Winkel von 120–140° ein. Die kurzen, stumpfen Krallen sind im Abdruck nicht immer zu sehen. Die Hinterzehe ist kurz und sitzt so hoch, daß sie nur als kleiner, ovaler Abdruck ca. 1 cm hinter dem Hauptballen sichtbar wird. Die Mittelzehe ist 7,5 cm lang, der ganze Tritt mißt ca. 14 cm in der Länge und 12 cm in der Breite.

Graureiher *Ardea cinerea* 2

Der Graureiher bevorzugt bei der Nahrungssuche flache Ufer von fischreichen Gewässern. Die Zehen sind länger als beim Weißstorch (Mittelzehe ca. 9 cm, Hinterzehe 6–7 cm) und auffallend schlank. An jeder Zehe befinden sich relativ lange Krallen, die sich deutlich im Boden abdrükken. Länge des ganzen Tritts 15–17 cm, Breite 11–13 cm. Beim Schreiten dreht der Reiher seine Füße etwas nach innen.

Kiebitz *Vanellus vanellus* 3

Kiebitze trifft man häufig als Kulturfolger auf Grünland und Äckern an, ihr ursprünglicher Lebensraum sind jedoch Feuchtwiesen und Moore. Im Fußabdruck sind nur 3 Zehen sichtbar, die Hinterzehe sitzt sehr hoch und wird meistens nicht abgedrückt. Die langen schlanken Zehen (Mittelzehe 3–3,5 cm lang) enden mit schmalen Krallen. Im Abdruck sieht man deutlich den Hauptballen. Die gesamte Trittlänge beträgt ca. 4 cm, die Breite 4,2 cm; die Zehen sind stark spreizbar.

Bekassine *Gallinago gallinago* 4

Die Bekassine hat einen typischen Watvogelfuß mit langen, schlanken Zehen (Mittelzehe ca. 3 cm lang). Auf weichem Untergrund, z. B. auf Verlandungsflächen von Teichen und Seen, drücken sich auch die Krallen und die Hinterzehe als kleine Einbuchtung ab. Länge des ganzen Tritts ca. 5 cm. Charakteristisch sind die Schnabelstichstellen neben und zwischen den Fußabdrücken (4): Zur Nahrungssuche bohrt die Bekassine ihren Schnabel in den weichen Boden; mit der empfindlichen Schnabelspitze ertastet sie ihre Beutetiere – Würmer, kleine Schnecken – und verschluckt sie, ohne den Schnabel aus dem Boden zu ziehen.

1 ◁

2 ▷

3 ◁

4 ▷

Fährten

Auerhuhn *Tetrao urogallus* 1

Das Auerhuhn, unser größtes Rauhfußhuhn, lebt in ausgedehnten, naturnahen und ungestörten Waldgebieten. Der Name Rauhfußhuhn kommt von der dichten Befiederung der Läufe, die bis zum Zehenansatz reicht. Das Auerhuhn hat einen typischen Hühnerfuß mit 3 kräftigen, relativ langen Zehen und kräftigen, stumpfen Krallen zum Scharren (1). Die beiden Außenzehen schließen einen Winkel von 160–170° ein. Die hintere Zehe ist etwas nach innen gedreht und drückt sich hinter dem kräftig entwickelten Hauptballen deutlich in der Spur ab. Die Trittlänge beträgt beim Hahn 9–12 cm, die -breite 8–10 cm; die entsprechenden Maße der Henne sind um rund 30% kleiner. Im Winter sind die Ränder des Abdrukkes etwas verwischt, da die Zehen mit seitlich angeordneten, 2–3 mm langen, hornigen Zehenstiften besetzt sind.

Alpenschneehuhn *Lagopus mutus* 2

Beim ebenfalls zur Familie der Rauhfußhühner zählenden Alpenschneehuhn, einem Bewohner des Hochgebirges, sind neben dem Lauf auch die Zehen befiedert. Dadurch werden die Umrisse der Tritte im Schnee unscharf und die Zehen relativ breit abgedrückt (2); die Krallen sind als platte Abdrücke zu sehen. Die nach innen gedrehte Hinterzehe hinterläßt eine punktförmige Marke. Die Trittlänge beträgt 4–5 cm.

Rebhuhn *Perdix perdix* 3

Die selten gewordenen Rebhühner leben auf Feldern und Äckern mit abwechslungsreichen Rainen und Hecken. Die 3 nach vorne gerichteten Zehen des typischen Hühnerfußes sind kräftig ausgebildet und besitzen lange, stumpfe Krallen zum Scharren. Die Außenzehen schließen einen Winkel von ca. 90° ein. Die kurze, hintere Zehe ist nach innen gedreht und wird ca. 1 cm hinter dem Hauptballen abgedrückt. Auf hartem Boden sieht man höchstens die Krallenmarken. Das Trittsiegel mißt 3–5 cm in der Länge und in der Breite, die Mittelzehe ist 2,5–3,5 cm lang.

Fasan *Phasianus colchicus* 4/5

Im Verhältnis zu anderen Hühnern haben Fasane schlanke Zehen mit kräftigen, langen Krallen (4). Obwohl die Hinterzehe recht hoch sitzt, wird sie in jeder Spur abgedrückt. Länge der Mittelzehe des Hahnes ca. 6 cm, bei der Henne 4,5–5 cm; Trittlänge 7–8 cm. Manchmal sieht man im tiefen Schnee die Schleifspur des Schwanzes. Beim Starten oder Landen drücken sich zusätzlich auch die Schwungfedern der Flügel ab (5).

1 ◁

2 ▷

3 ◁

4 ◁

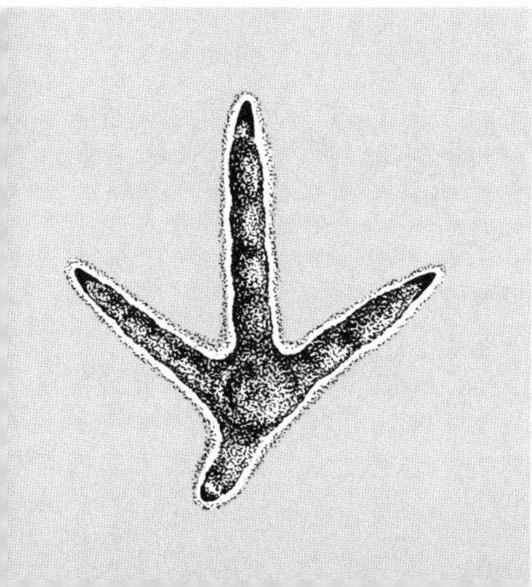

5 ▷

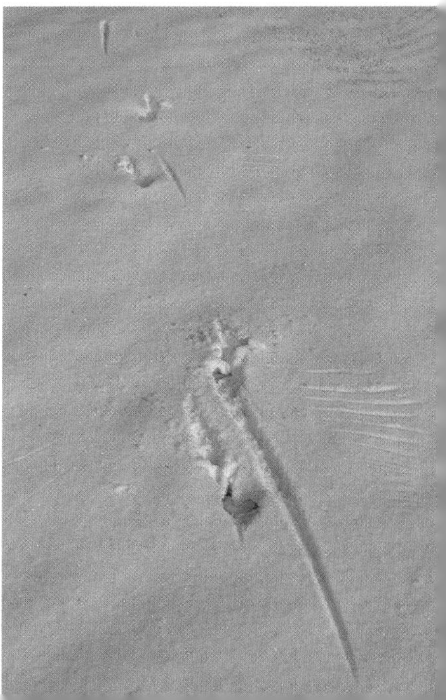

Fährten

Haussperling *Passer domesticus* 1

Der Haussperling oder Hausspatz ist innerhalb menschlicher Siedlungen einer der häufigsten Singvögel. Er hat einen typischen Singvogelfuß (Sitzfuß), der für das Umklammern von dünnen Ästen und Zweigen hervorragend geeignet ist: 4 lange, schlanke Zehen, davon die 2., 3. und 4. nach vorne gerichtet, die 1. nach hinten. Alle Zehen besitzen relativ lange Krallen.

Aufgrund des gleichen Baus der Füße ist die Unterscheidung der verschiedenen Singvogelspuren nicht einfach. Einen Hinweis gibt die Art der Fortbewegung: Viele Arten wie Hausspatz oder Buchfink hüpfen ausschließlich, so daß die Trittsiegel beider Füße nebeneinander liegen; manche Arten wie die Amsel wechseln zwischen Laufen und Hüpfen ab und wieder andere Arten wie Star oder Bachstelze (4 re) laufen nur. Einen weiteren Hinweis gibt die Größe der Abdrücke: Trittsiegellänge bei Haussperling und Buchfink ca. 4 cm, Amsel ca. 5 cm. Bei einigen Gruppen, beispielsweise Lerchen und Stelzen, ist die Kralle der Hinterzehe stark verlängert, was sich auch im Trittsiegel bemerkbar macht (z. B. Bachstelze, 4 re).

Rabenkrähe *Corvus corone* 2/4 li

Auch die Rabenkrähe hat einen typischen Sitzfuß (2); aufgrund ihrer Größe und ihres Gewichts hinterläßt sie oft deutliche Fußabdrücke, in denen man weitere Einzelheiten erkennt: An den einzelnen Zehengliedern sitzen Ballen; der Ballen des letzten Zehenglieds drückt sich besonders tief ein. Die Kralle der Hinterzehe ist am längsten und bogenförmig gekrümmt. Krähen bewegen sich entweder hüpfend (paarweise angeordnete Trittsiegel) oder schreitend (4 li) vorwärts; dabei stehen die einzelnen Abdrücke hintereinander und sind leicht nach innen gedreht. Die Mittelzehe ist ca. 4 cm lang, der gesamte Tritt mißt 9–10 cm.

Tauben Familie *Columbidae* 3

Der Fuß der Tauben (3) ist ähnlich gebaut wie der Sitzfuß der Singvögel (1/2). Die Zehen sind kräftiger und etwas kürzer, auch die Krallen sind kürzer. Die beiden äußeren Zehen können stark gespreizt werden. Tauben bewegen sich immer schreitend vorwärts, die einzelnen Abdrükke liegen dicht hintereinander und sind nach innen gedreht. Die Trittsiegelgröße variiert je nach Art:

Türkentaube: ca. 4 cm lang, ca. 3,5 cm breit; Ringeltaube: ca. 6 cm lang, ca. 5 cm breit; Haustauben: ca. 5 cm lang, ca. 4 cm breit.

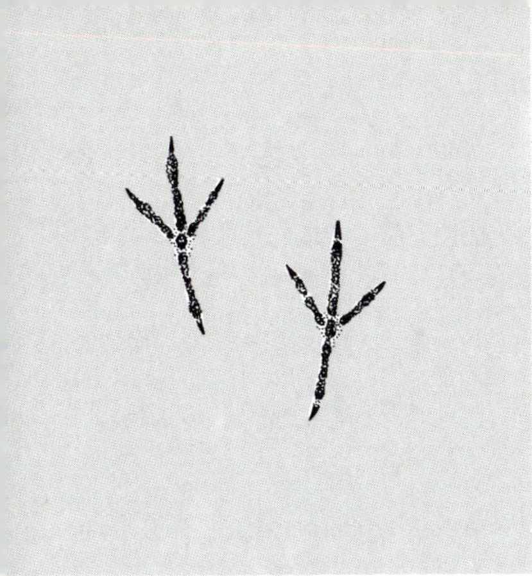

1 ◁

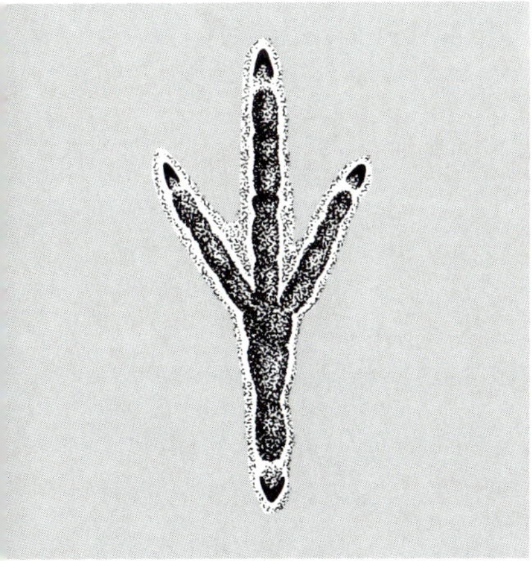

2 ◁

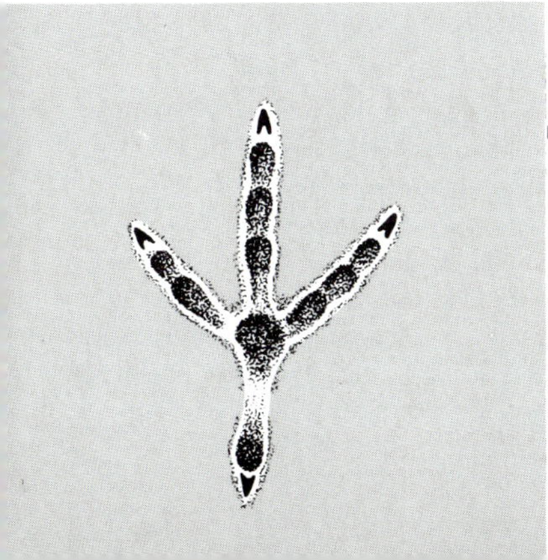

3 ◁

4 ▷

Kotspuren

Einführung

Kot besteht aus unverdaulichen Teilen der Nahrung wie Zellulose, Federn, Haare, Krallen, Knochen und Chitinteilen; daneben enthält er noch Schleim, Darmbakterien und Wasser.

Kotspuren von Säugetieren geben Aufschluß darüber, ob das betreffende Tier überwiegend ein Pflanzenfresser oder ein Fleischfresser ist. Pflanzen, vor allem Gras, enthalten nur geringe Mengen Nährstoffe; daher müssen die **Pflanzenfresser** große Mengen an Nahrung zu sich nehmen um ihren Nährstoffbedarf zu decken. Dementsprechend produzieren sie auch große Mengen an Kot. Pflanzenfresserkot ist in der Regel fest (li); im Sommer, bei wasserreicher Frischkost, ist er dagegen weicher, die einzelnen »Bohnen« können zusammenkleben oder ineinanderfließen. Im Winter, wenn die Nahrung weniger Wasser enthält, wird der Kot in Form von vielen »Bohnen« oder »Pillen« abgegeben. Im Pflanzenfresserkot erkennt man immer Pflanzenfasern.

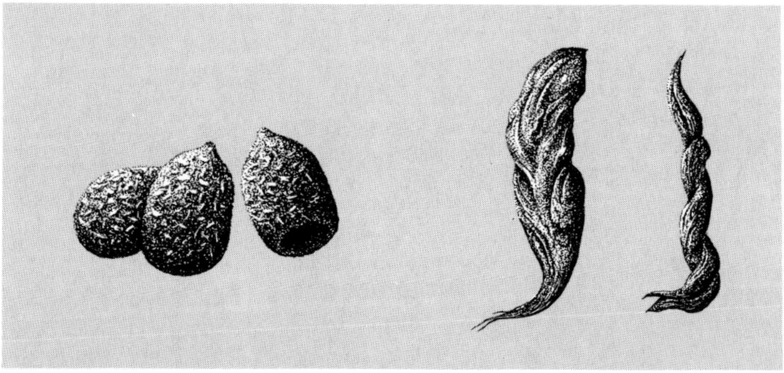

Beispiele für Kot von Pflanzen- (links: Rothirsch) und Fleischfressern (Mitte: Fuchs; rechts: Marder).

Fleischfresser wie Hunde, Katzen oder Marder benötigen geringere Mengen an Nahrung, da diese eiweißreicher und daher energiehaltiger ist als die der Pflanzenfresser. Aufgrund dessen sind auch ihre Kotmengen nicht so groß. Fleischfresserkot (mi und re) ist meistens walzenförmig und oft an einem Ende zu einer Spitze ausgezogen. Er enthält Reste der Beutetiere wie Haare und Federn. Hunde- und marderartige Raubtiere ernähren sich im Herbst regelmäßig auch von Beeren und Früchten. Das Aussehen des Kotes ändert sich durch diese Kost deutlich: Er nimmt die Farbe der jeweiligen Beeren an, beispielsweise Blau durch den Verzehr von Blau- oder Holunderbeeren, Rot

nach dem Verzehr von Himbeeren. Die Konsistenz wird ebenfalls beeinflußt: Raubtierkot mit vielen Schalenresten und Kernen zerfällt leicht, was die Artbestimmung dann sehr schwierig gestaltet. Kennzeichnend für Fleischfresserkot ist der typische Raubtiergeruch. Die Kotabgabe dient daher auch der innerartlichen Kommunikation. Füchse, Marder und Katzen setzen beispielsweise zur Markierung ihrer Reviergrenzen Kot an erhöhten Stellen ab.
Im Gegensatz zu Säugetieren haben die Vögel keine getrennten Ausgänge für Harn und Kot. In die sog. Kloake, die sich an den Enddarm anschließt, münden auch die Harnleiter und die Geschlechtsgänge. Daher werden Kot und Urin stets zusammen abgegeben. Vogelkot enthält neben unverdaulichen Nahrungsbestandteilen einen relativ hohen Prozentsatz an Wasser. Der Harn haftet oft als weiße Haube an einem Ende des Kotes oder überzieht dessen Oberfläche; er besteht aus Harnsäure, bei den Säugetieren dagegen aus Harnstoff. Vogelkot ist walzen- oder tropfenförmig. Bei Vogelarten, die unverdauliche Nahrungsreste in Form von Gewöllen auswürgen (Eulen, Greifvögel, Reiher - s. S. 92–99), ist der Kot häufig mehr oder weniger dickflüssig.

Kotspuren

Elch *Alces alces* 1

Elche ernähren sich in den Sommermonaten hauptsächlich vom Laub der Weichhölzer wie Birke und Espe. Besonders schätzen sie die Wurzelstöcke von Seerosen, die sie - halb im Wasser stehend - mit eingetauchtem Kopf abweiden. Im Herbst und Frühjahr ist der Anteil von Blau- und Preiselbeerblättern recht hoch. Aufgrund der wasserhaltigen Nahrung ist die Sommerlosung des Elches in frischem Zustand feucht und von weicher Konsistenz; die einzelnen Bohnen klumpen häufig zu einem größeren Fladen zusammen. Die Winterdiät setzt sich dagegen aus Rinde und Trieben der Espe sowie aus Zweigen der Birke, Vogelbeere und Kiefer zusammen. Die Winterlosung (1) ist folglich trocken und fest, von hellbrauner Farbe und weist faserige Reste auf der Oberfläche auf. Die einzelnen Bohnen sind kugelig bis eichelförmig, ihre Enden meist abgerundet; Länge 20–35 mm, ∅ 15–20 mm.

Ren *Rangifer tarandus* 2

Die Winterlosung des Rens (2) besteht aus kleineren und viel dunkleren Bohnen als die des Elchs; Länge ca. 15 mm, Breite ca. 10 mm. Im Winter ernähren sie sich von Rentier- und Bartflechte sowie von Gräsern. Da Rentiere im Sommer hauptsächlich Blätter von Zwerggehölzen, Gräser und Kräuter verzehren, ist die Sommerlosung heller braun als die Winterlosung und häufig breiig.

Rothirsch *Cervus elaphus* 3/4

Die Nahrung des Rothirsches besteht im Sommer vorwiegend aus saftigen Gräsern, Kräutern und Trieben von Laub- und Nadelbäumen. Die Sommerlosung ist daher ziemlich weich, die einzelnen Bohnen kleben häufig zusammen oder bilden einen breiigen Fladen (4). Im Herbst und Winter verzehren Rothirsche viele Eicheln, Bucheckern, Beeren, Pilze, aber auch Kartoffeln und Mais. Bei Schneelage bilden Zweige und Triebe von Laub- und Nadelbäumen die Hauptnahrung. Die Winterlosung ist schwarzbraun und glänzt in frischem Zustand (3), da sie von einer Schleimschicht überzogen ist. Nach kurzer Zeit jedoch werden die Bohnen matt und hart. Die Bohnen männlicher Hirsche sind walzenförmig, an einem Ende zugespitzt, am anderen eingedellt (s. S. 45, 3a), ihre Länge beträgt 20–25 mm, ihr ∅ 13–18 mm. Die Bohnen der ♀♀ sind kleiner und länglicher, an einem Ende zugespitzt und am anderen abgerundet.

1 ◁

2 ▷

3 ◁

4 ▷

Kotspuren

Damhirsch *Dama dama* 1

In ihrer Ernährungsweise ähneln sich Dam- und Rothirsch weitgehend; im Herbst ist der Anteil von Eicheln und Bucheckern beim Damhirsch jedoch höher. Auch die Losung dieser beiden Hirscharten weist in Form und Farbe große Ähnlichkeit auf. Damhirschbohnen (1) sind jedoch etwas kleiner - 10-15 mm lang und 8-12 mm im ∅. Die Bohnen werden als wurstartiges Gebilde ausgeschieden; beim ♂ zerfällt die Losung in einzelne Klumpen, beim ♀ in die einzelnen Bohnen.

Steinbock *Capra ibex* 2

Steinböcke ernähren sich vorwiegend von Kräutern, Zwergsträuchern und Flechten; im Herbst kommen Beeren dazu. Steinbocklosung besteht aus einzelnen Bohnen (2). Sie sind unregelmäßig geformt, ca. 10-15 mm lang, dunkelbraun und in frischem Zustand glänzend.

Reh *Capreolus capreolus* 3b

Rehe sind ausgesprochene Feinschmecker; sie verzehren hauptsächlich Blätter und junge Triebe von Bäumen und Sträuchern und verschiedene Kräuter, daneben auch Feldfrüchte, Beeren und Pilze. Rehlosung (3b) ist kleiner als die des Rothirsches (3a), von schwarzbrauner Färbung und in frischem Zustand glänzend. Die Sommerlosung ist aufgrund der saftigen Nahrung feucht, die Bohnen klumpen zusammen. Im Winter, wenn sich die Tiere vorwiegend von Trieben und Rinde ernähren, ist die Losung trocken und zerfällt in einzelne Bohnen. Auf den Rehwechseln findet man manchmal eine Spur von Losungsbohnen, die die Tiere beim langsamen Gehen fallen ließen. Wie beim Rothirsch kann man auch beim Reh die Geschlechter anhand ihrer verschieden geformten Losung unterscheiden: Die Bohnen des Bockes sind an einem Ende eingedellt, am anderen zäpfchenartig ausgezogen, die Bohnen weiblicher Tiere sind schwach eiförmig. Länge bei beiden Geschlechtern 10-15 mm, ∅ 8-10 mm.

Gemse *Rupicapra rupicapra* 3c

Die Sommerlosung der Gemse ist aufgrund der Ernährungsweise - Gräser, Kräuter, Moose, Flechten und Beeren - feucht, die Einzelbohnen kleben zusammen und sind etwas abgeplattet. In den Wintermonaten, in denen Rinde und Triebe von Bäumen (z.B. Latschen) und Sträuchern die Hauptnahrung bilden, ist die Losung trocken und mehr oder weniger oval (3c); ∅ ca. 1,5-2 cm.

1 ◁

2 ▷

3 ▽

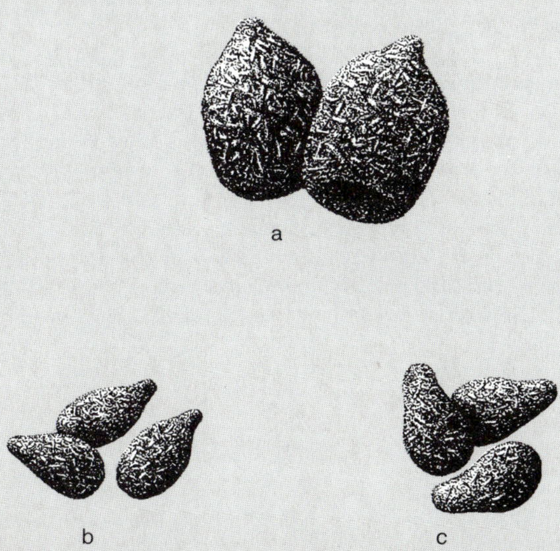

Kotspuren

Fuchs *Vulpes vulpes* 1/2/3

Auf die Losung des Fuchses stößt man recht häufig, da sie meistens an erhöhten Stellen (Stein, Baumstumpf (3), Grasbüschel) abgesetzt wird. Dieses Verhalten dient der Reviermarkierung. Füchse ernähren sich vorwiegend von Kleinnagern wie Feldmäusen, aber auch von Vögeln, Vogeleiern, Insekten und Regenwürmern. Je nach Jahreszeit ist der Anteil an pflanzlicher Nahrung wie Obst, Beeren, Koniferenzapfen und Samen verschieden hoch. Fuchslosung ist wurstförmig, an einem Ende ist sie abgerundet, am anderen Ende zu einer Spitze ausgezogen. Wenn sie nach dem Austritt aus dem Darm auseinanderbricht, hat nur das letzte Stück eine Spitze. Länge 5–8 cm, ∅ 1,5–2,5 cm. Typisch für Fuchslosung ist der intensive Raubtiergeruch.

Die Farbe und Zusammensetzung des Fuchskotes hängt von den Nahrungsbestandteilen ab: Normalerweise enthält der Kot Haare und ist dunkelbraun gefärbt (1); wenn der Kot lange liegt, wird er zunehmend grau. Hat der Fuchs viele Knochen verzehrt, so erkennt man dies an einem grauen Überzug, der von der Freisetzung von Ca-Phosphat herrührt. Ein hoher Anteil an Zapfennahrung bewirkt eine Weißfärbung der Losung (3). Wie andere Raubtiere ernährt sich der Fuchs im Herbst auch von Beeren, dabei nimmt die Losung die Farbe der Beeren an: Blaubeeren bewirken eine blauschwarze, Himbeeren eine rötliche Färbung. Den Verzehr von Preisel- und Vogelbeeren erkennt man an den halb verdauten Überresten (Schalen) dieser Früchte in der Losung (2); häufig fallen derartige Würste auseinander.

Im Gegensatz zu allen anderen Raubtieren decken die **Katzenartigen** (Haus-, Wildkatze, Luchs) ihre Losung mit Pflanzenmaterial der Umgebung, Erde oder auch mit Schnee zu. Dieses Verhalten beobachtet man jedoch nur im zentralen Bereich ihres Reviers; an der Reviergrenze setzen auch die Katzen ihre Losung wie der Fuchs an erhöhten Stellen zur Markierung ab. Die Form der Losung ist wurstförmig und enthält beim Luchs Federn und Haare, aber auch kleine Knochenstücke. Wildkatzenlosung ist 5–8 cm lang und hat einen Durchmesser von 1–1,5 cm; die Losung des Luchses ist größer (bis 10 cm lang, ∅ 1,3–1,5 cm).

1 ◁

2 ▷

3 ▽

Kotspuren

Braunbär *Ursus arctos* 1
Bären ernähren sich das ganze Jahr über hauptsächlich von Wurzeln, Früchten, Ameisen und anderen Insekten, Regenwürmern und Aas. Im Herbst ist der Anteil an Beeren (Blaubeeren) in der Nahrung sehr hoch. Bärenlosung erinnert an Rinderkot: ein großer Haufen, nach Blaubeergenuß blauschwarz glänzend (1); die einzelnen Würste (∅ 6–8 cm) sind oft kaum noch zu erkennen. Im Frühjahr, wenn der Anteil der tierischen Nahrung höher ist, ist die Losung deutlich in einzelne Würste gegliedert; Haare, Federn und Knochen sind dann gut zu erkennen.

Dachs *Meles meles* 2
Hauptnahrung des Dachses sind Regenwürmer und Schnecken, daneben verzehrt er auch kleine Wirbeltiere, Insektenlarven und Aas. Im Herbst überwiegen Eicheln, Bucheckern, im Winter unterirdische Pflanzenteile. Seine Losung setzt der Dachs in kleinen, flachen Gruben (Latrinen) ab, die er in Baunähe oder an festen Wechseln gräbt. Die Konsistenz der Losung ist je nach aufgenommener Nahrung breiig (2) oder, ähnlich wie Fuchslosung, walzenförmig (∅ ca. 2 cm) mit rauher Oberfläche; sie fällt leicht auseinander.

Steinmarder *Martes foina* 3
Marderlosung ist wurstförmig, spiralig gedreht und an einem Ende zu einer Spitze ausgezogen (3). Maße für Steinmarderkot: Länge 8–10 cm, ∅ 1–1,2 cm. Steinmarder ernähren sich vorwiegend von kleinen Wirbeltieren, im Herbst nehmen sie auch Früchte und Beeren. Ähnlich wie beim Fuchs (s. S. 46) variiert die Farbe der Losung je nach aufgenommener Nahrung. Baum- und Steinmarderlosung ist wegen der ähnlichen Nahrungsgewohnheiten schwer zu unterscheiden. Beide Marderarten setzen ihre Losung gerne auf erhöhten Punkten ab; Steinmarderlosung findet man jedoch in der Regel in Gebäuden oder in Gebäudenähe, Baummarderlosung meist im Wald. Eine gewisse Unterscheidungshilfe bietet der Geruch: frischer Baummarderkot riecht angenehm nach Moschus, Steinmarderkot hat einen widerlichen Geruch.

Hermelin *Mustela erminea* 4
Hermelinlosung erinnert in Form und Farbe an Steinmarderlosung, ist aber kleiner: ca. 3–4 cm lang, ∅ 5–10 mm. Nach dem Verzehr von tierischer Nahrung enthält sie Haare, Federn, Knochenreste und ist schwärzlich (4) gefärbt.

1 ◁
2 ▷

3 ◁
4 ▷

Kotspuren

Feldhase *Lepus capensis* 1/3a

Feldhasenlosung findet man häufig in kleinen Mengen in der Feldflur, besonders in der Nähe von Fraßplätzen oder Sassen. Sie besteht aus runden, etwas zusammengedrückten Pillen (3a) (∅ 14–20 mm). An der Oberflächenbeschaffenheit der Pillen kann man deutlich erkennen, daß der Hase ein reiner Pflanzenfresser ist. Im Sommer verzehrt er hauptsächlich Gräser, Kräuter und Wurzeln. Die Pillen sind daher dunkelbraun gefärbt und in frischem Zustand feucht und weich. Im Herbst nimmt er zusätzlich Früchte, Beeren und Feldfrüchte auf. Die Winternahrung setzt sich aus Knospen, Rinde und Zweigen von Sträuchern und kleinen Bäumen zusammen. In der kalten Jahreszeit sind die Feldhasenpillen hell- bis gelbbraun gefärbt und von harter Konsistenz (1).

Wildkaninchen *Oryctolagus cuniculus* 2/3b

Die Losung des Wildkaninchens ähnelt der des Feldhasen, ist aber kleiner (∅ 7–10 mm), dunkler und stets kugelförmig (3b). Im Gegensatz zu Hasen, deren Pillen man nur in kleinen Mengen findet, sammeln sich bei Wildkaninchen in Baunähe mit der Zeit größere Mengen Kot (2). Diese Latrinen befinden sich meistens auf erhöhten Plätzen (z.B. Grasbüscheln).

Wanderratte *Rattus norvegicus* 3c

Die zylinderförmigen Kotpillen der Wanderratte haben abgerundete Enden, sind ca. 16 mm lang und 5–6 mm dick; die Größe wechselt stark. Häufig werden die Kotpillen an bestimmten Plätzen (Latrinen) abgesetzt.

Hausmaus *Mus musculus* 3d

Die Kotpillen der Hausmaus sind walzenförmig mit unregelmäßiger Oberfläche. Sie sind ca. 5–6 mm lang und haben einen ∅ von ca. 2 mm, ihre Färbung ist dunkelgraubraun. Die sehr ähnlichen Kotpillen der Waldmaus *(Apodemus sylvaticus)* sind ca. 4–5 mm lang und ca. 3 mm dick.

Feldmaus *Microtus arvalis* 3e

Im Gegensatz zu Echten Mäusen (s. oben) haben die Kotpillen der Wühlmäuse eine glatte Oberfläche. Sie sind walzenförmig mit abgerundeten Enden. Ihre Farbe ist bräunlichgrün, und sie messen bei der Feldmaus ca. 6 mm in der Länge und ca. 2–3 mm im ∅.

1 ◁

2 ▷

3 ▽

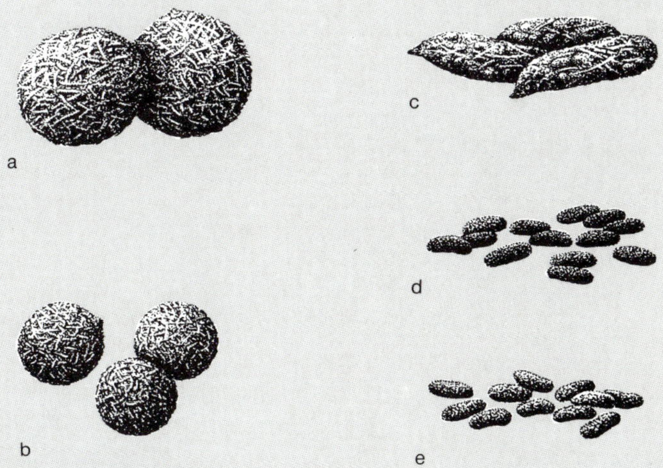

Kotspuren

Fledermäuse Familie *Vespertilionidae* 1/2

Fledermauskot (2) besteht ausschließlich aus zerkleinerten, unverdaulichen Resten von Insekten, ihrer Nahrung. In Form und Färbung erinnert er an Mäusekot, die Konsistenz ist jedoch im Gegensatz zum harten Mäusekot krümelig; bei größerem Anteil von Schmetterlingen in der Nahrung wird der Kot filzig. Unter den bevorzugten Hangplätzen der kolonielebenden Arten (z. B. Mausohr, *Myotis myotis*) sammeln sich im Laufe der Zeit oft große Mengen von Fledermauskot an (1). Die einzelnen Kotwürstchen des Mausohr sind ca. 10 mm lang und ca. 3 mm dick, die der Breitflügelfledermaus *(Eptesicus serotinus)* 6–8 mm lang und ca. 3 mm dick. Die Farbe ist dunkelbraun bis schwarz.

Igel *Erinaceus europaeus* 3

Igellosung findet man überall dort, wo es Sträucher und Gebüsch in der Nähe gibt - im Garten, auf Wald- und Feldwegen. Die kleinen, walzenförmigen Würste sind schwarz glänzend und an einem Ende zugespitzt (3). Sie sind ungefähr 3 cm lang und 8–12 mm dick; die Größe unterliegt starken Schwankungen. Die Losung enthält meistens Chitinteile von Insekten, manchmal auch Haare, Federn und Knochen kleiner Wirbeltiere. Der Geruch der Igellosung ist stark und unangenehm. Igel sind hauptsächlich Kleintierfresser (Insekten, Schnecken, Regenwürmer, Jungvögel und Mäuse), sie verzehren aber gelegentlich auch Pflanzennahrung wie Beeren und süßes Obst.

1 ◁

2 ▷

3 ▽

Kotspuren

Auerhuhn *Tetrao urogallus* 1

An den Fraß- und Schlafplätzen der Auerhühner trifft man auf deren Gestüber: walzenförmige, schwach gekrümmte Würste von 5–8 cm Länge und einem ∅ von 1,2 cm. Im Sommerhalbjahr, wenn sich die großen Waldhühner hauptsächlich von Knospen und Blättern der Laubbäume und Sträucher und von Kräutern ernähren, ist die Losung bräunlichgelb bis dunkelbraun und relativ weich; Pflanzenreste sind deutlich zu erkennen. Im Spätsommer und Herbst bilden Beeren (vorwiegend Blau- und Preiselbeeren) die Hauptnahrung; der Kot ist dann recht weich und dunkel gefärbt. In den Wintermonaten ernähren sich Auerhühner fast ausschließlich von Koniferennadeln, daneben auch von unverholzten Teilen von Zwergsträuchern. Der Winterkot ist aufgrund der Nadelkost gelblichgrün gefärbt, trocken und von fester Konsistenz (1), deutlich sind Nadeln zu erkennen.

Birkhuhn *Lyrurus tetrix* 2

Birkhuhnlosung ist kleiner als die des Auerhuhns (Länge 2–4 cm, ∅ ca. 7 mm). Im Winter, wenn sich die Vögel von Knospen und Koniferennadeln ernähren, ist der Kot gelb- bis braungrau gefärbt und hart (2). Sommerlosung ist dunkler und weicher, weil die Birkhühner im Sommerhalbjahr hauptsächlich saftige Triebe und Knospen von Laubbäumen und Sträuchern sowie Insekten verzehren. Die im Herbst bevorzugten Blau-, Preisel- und Krähenbeeren sind im Kot als Reste zu erkennen. Birkhuhnlosung findet man in größeren Mengen an den Ruhe- und Fraßplätzen.

Moorschneehuhn *Lagopus lagopus* 3

Wie bei den übrigen Rauhfußhühnern ist auch die Losung des Moorschneehuhns walzenförmig; sie ist 15–20 mm lang und 5–6 mm dick. Diese Hühnervögel ernähren sich fast ausschließlich vegetarisch: Blätter, Knospen, Kräuter und Beeren. Das Gestüber enthält stets deutlich erkennbare Reste der Pflanzennahrung, im Winter (3) ist es kompakter als im Sommer. Man findet häufig große Kotmengen an den Ruhe- oder Fraßplätzen der Moorschneehühner.

Das Gestüber von **Alpenschneehuhn** *(Lagopus mutus)* und **Haselhuhn** *(Bonasa bonasia)* entspricht in Größe und Aussehen weitgehend dem des Moorschneehuhns. Alpenschneehuhnkot findet man im Gebirge fast ausschließlich oberhalb der Baumgrenze, während Haselhühner ihre Kotspuren in unterwuchsreichen Waldgebieten hinterlassen.

1 ◁

2 ▷

3 ▽

Kotspuren

Schleiereule *Tyto alba* 1

Schleiereulen ernähren sich hauptsächlich von Feldmäusen, Wald- und Spitzmäusen; daneben schlagen sie auch Vögel, Reptilien und große Insekten. Ihr Kot (Geschmeiß) ist weiß und dickflüssig; er enthält keinerlei unverdauliche Nahrungsreste, denn diese werden wie bei allen Eulenarten als Gewölle (s. S. 94) ausgewürgt. Eulenkot findet man hauptsächlich unterhalb ihrer Nester bzw. Horste, an den bevorzugten Kröpfplätzen und unter den Schlafplätzen. Oft ist an dieser Stelle der Boden weiß gekalkt. Ähnliche Kotspuren wie Eulen hinterlassen auch Greifvögel und Möwen; eine eindeutige Artbestimmung anhand des Geschmeißes dieser Vögel ist jedoch nicht möglich.

Fasan *Phasianus colchicus* 2

Die Losungswürste (Gestüber) der Fasanen sind walzenförmig und gekrümmt, ca. 2 cm lang und ca. 5 mm dick. Je nach Nahrung, die zum größten Teil aus grünen Pflanzenteilen, Feldfrüchten, Getreide, Sämereien und Beeren besteht, kann die Farbe von dunkelbraun bis grünlichbraun variieren. Ein Ende des Gestübers ist wesentlich heller als das andere, in ihm befindet sich der Harn. Im Winter ist Fasanengestüber härter als im Sommer. Man findet die Losung vorwiegend in kleinen Häufchen an den Schlaf- und Fraßplätzen der Vögel. Ähnlich wie Fasanenlosung sieht auch das Rebhuhngestüber aus, es ist jedoch etwas kleiner.

Singvögel U.ordnung *Oscines* 3

Singvogelkot ist dickflüssig und wird meistens in Form eines Kleckses abgesetzt. Bei trockener Nahrung besteht der Kot körnerfressender Singvögel aus einem länglichen Würstchen, bei überwiegender Beerenkost ist er mehr oder weniger flüssig. Häufig kann man darin unverdauliche Pflanzenreste wie Beerenschalen und Samenkörner erkennen. Wie bei anderen Beerenfressern auch, nimmt der Kot die Farbe der aufgenommenen Beeren an: Blaubeeren und Holunderbeeren färben beispielsweise den Singvogelkot intensiv blau. Der helle weiße Fleck auf der Abb. 3 ist der durch Regen ausgewaschene Harnanteil des Kotes.

1 ◁

2 ▷

3 ▷

Kotspuren

Gänse und Schwäne U.familie *Anserinae* 1

Wie die anderen Gänsearten auch, ernährt sich die Graugans *(Anser anser)* ausschließlich von Pflanzen, die sie am Land findet. Ihre Nahrungsflüge führen sie oft weit weg vom Wasser, so daß man Gänsekot nicht nur am Ufer findet. Die Kotwürste (1, von der Graugans) sind walzenförmig, relativ fest und an einem Ende von einer weißlichen Schicht überzogen (Harn). Wie Entenkot ist auch der Gänsekot dunkelgrünlich gefärbt, allerdings deutlich größer: Länge 5–9 cm, ∅ bis 1,2 cm. Der Kot von Schwänen ist ebenfalls dunkelgrün, aber in den Ausmaßen rund doppelt so groß wie Gänsekot; man findet ihn stets in Gewässernähe.

Enten U.familie *Anatinae* 2

Enten sind Gemischtköstler, bei den Schwimmenten (z. B. Stockente, *Anas platyrhynchos*) überwiegt die pflanzliche Nahrung, bei den Tauchenten (z. B. Reiherente, *Aythya fuligula*) die tierische Nahrung. Frischer Entenkot ist durch den Anteil der Pflanzennahrung meistens grünlich gefärbt, häufig sind Pflanzenteile erkennbar. Die walzenförmigen Würste sind relativ fest und messen bis 5 cm in der Länge und bis 8 mm im ∅. Der weiße Fleck über den Kotwürsten in der Abb. 2 ist der Harnanteil.

Graureiher *Ardea cinerea* 3

Graureiher ernähren sich überwiegend von Fischen, daneben auch von Wühlmäusen, Fröschen, Schnecken, Würmern und Insekten. Ihr Kot (Geschmeiß) ist weißlich und dickflüssig und enthält keine unverdaulichen Nahrungsreste; diese werden in Form von Gewöllen (s. S. 98) ausgewürgt. Kotspuren von Reihern findet man hauptsächlich unter den Schlaf- und Brutbäumen. Die geselligen Vögel nisten kolonieweise in Bäumen, so daß die unteren Äste und der Boden darunter vom Kot der Vögel wie weiß gekalkt aussehen. Da der Reiherkot ätzend ist, sterben mit der Zeit die Horstbäume und die darunter wachsenden Pflanzen ab. Ähnliche Verhältnisse herrschen bei den ebenfalls koloniebrütenden Kormoranen.

1 ◁

2 ▷

3 ▽

Fraßspuren

Einführung

Die vielfältigen Fraßspuren an Bäumen, Sträuchern und Kräutern sowie an Wurzeln geben Aufschluß über **pflanzenfressende** Tierarten von Wald und Flur. Die Futterpflanzen werden von diesen Tieren auf verschiedene Art und Weise genutzt (s. Abb., Fraßspuren rot).

Die erdbewohnenden Scher- und Erdmäuse nagen im Wurzelbereich. Dicht über dem Boden hinterlassen Hasen, Kaninchen, diverse Mäuse und Biber ihre Nagespuren an der Rinde von Bäumen und Sträuchern. An krautigen Pflanzenteilen fressen u. a. Schnecken, Raupen und Käfer. Im unteren Stammbereich bis in 2 m Höhe fressen Hirsche und Rehe die Rinde ab und Rötelmäuse nagen an Ästen und Zweigen. Darüber findet man die Hack- und Ringelspuren der Spechte sowie Nagespuren von Eichhörnchen und Siebenschläfern.

Doch auch an Obst und Früchten hinterlassen verschiedene Tiere ihre Fraßspuren; zunächst einmal muß man entscheiden, ob die Spuren von einem Vogel oder von einem Säugetier stammen. Pickspuren von Vögeln erkennt man an den spitzen Schnabelmarken. Es gibt Vögel, die sich ausschließlich für das Fruchtfleisch interessieren (z. B. Drosseln) und solche Arten, die es allein auf die Kerne abgesehen haben (z. B. Kernbeißer).

Fraßstellen von Säugetieren erkennt man an den Eindrücken, die die Nagezähne im Fruchtfleisch hinterlassen haben; anhand ihrer Breite können Rückschlüsse auf die Größe des Tieres gezogen werden (s. S. 84). Besonders deutliche Spuren findet man an hartschaligen Baumfrüchten wie Haselnüssen und Eicheln. Spechte und Häher sprengen die Schale mit gezielten Schnabelhieben, während Nagetiere wie Eichhörnchen, Haselmäuse, Siebenschläfer, Wald- und Rötelmäuse eine spezielle Nagetechnik anwenden. Einerseits ist wiederum auf die Breite der Nagespuren auf der Nußschale zu achten, andererseits auf die Beschaffenheit des Randes der herausgenagten Öffnung.

Auch Koniferenzapfen werden auf unterschiedliche Art und Weise bearbeitet. Während Kreuzschnäbel die Zapfen in der Regel hängen lassen, pflücken sie Spechte und Eichhörnchen vom Baum, um sie an bestimmten Stellen zu bearbeiten. Der Zustand der ausgefressenen Zapfenspindel gibt Aufschluß über die Artzugehörigkeit des betreffenden Tieres (s. S. 76 und S. 78).

Überreste der Mahlzeit eines **Fleischfressers,** z. B. Fuchs, Katze, Fischotter, Eule und Greifvogel, findet man seltener in der Landschaft, da sie schneller verwesen. Bestandteile der Beutetiere, die sich nur langsam

zersetzen, wie Haare, Federn, Knochen, Zähne, Eierschalen, Muscheln und Schneckenschalen, bleiben jedoch länger erhalten.
Findet man die Überreste eines Beutetieres, so läßt sich meistens nicht feststellen, auf welche Weise dieses Tier zu Tode gekommen ist. Anhand von Fuß- und Kotspuren, Gewöllfunden und Geruchsproben kann man vielfach jedoch Aussagen über die Art des Tieres machen, das an dem Kadaver gefressen hat.
Gelegentlich findet man in Wald und Flur eine Ansammlung von Federn – die Rupfung eines Greifvogels wie Habicht, Sperber und Wanderfalke. Hierbei sollte man darauf achten, ob der Rupfplatz in einer Deckung liegt oder auf freiem Feld, ob die Rupfung auf dem Boden oder auf einer erhöhten Stelle stattgefunden hat und ob ein zusammenhängender Schultergürtel mit Brustbein und Schwingen vorhanden ist (vgl. S. 66). Federn mit abgebissenen Kielen deuten darauf hin, daß ein Raubtier den betreffenden Vogel gerupft hat. Keilförmige Einschnitte im Brustbein bedeuten stets, daß ein Greifvogel an der Beute gefressen hat.
Die kleine Auswahl von Federn auf den Seiten 62 und 64 ist als Anreiz gedacht, sich näher mit diesem Thema zu beschäftigen. Da Fegespuren von Geweihträgern und Scheuerspuren von Huftieren nach dem Suhlen den Fraßspuren an Bäumen und Sträuchern ähnlich sehen, wurden sie ebenfalls in dieses Kapitel aufgenommen.

Federn

Fasan *Phasianus colchicus* 1/2
Deckfedern (1) und Schwanzfedern (stark verlängerte, innere Steuerfedern) (2) eines Fasanenweibchens

Buntspecht *Picoides major* 3
Schwungfedern

Eichelhäher *Garrulus glandarius* 4
Handdecken- oder Bugfedern (gehören zu den Deckfedern)

Ringeltaube *Columba palumbus* 5
äußere Steuerfedern

Stockente *Anas platyrhynchos* 6
links außen: Deckfeder; rechts außen: Deckfeder im Flankenbereich; die mittleren 3 Federn, die sog. Erpellocken, sind die mittleren Schwanzfederpaare

Vogelfedern, die man in der Natur findet, stammen entweder aus einer Rupfung (s. S. 66), aus einem Gewölle (s. S. 92–98), sind Mauserfedern oder solche, die sich der Vogel selbst ausgerissen hat, um sein Nest damit zu polstern. Anhand ihrer Größe, Form und Färbung kann der Kundige auf die betreffende Vogelart und sogar auf die Körperstelle schließen, an der die Feder saß.
Man unterscheidet grob zwischen Kontur- und Dunenfedern. Das erste Federkleid vieler Jungvögel besteht ausschließlich aus Dunenfedern. Beim erwachsenen Vogel sitzen sie unter den Konturfedern und dienen überwiegend dem Wärmeschutz. Zu den Konturfedern zählen die Schwungfedern (Arm- und Handschwingenfedern), die Stoß- oder Steuerfedern des Schwanzes und die Deckfedern, die dem Vogelkörper Form und Farbe geben. Die Deckfedern haben an der Basis einen dunigen Teil. Schwungfedern und äußere Schwanzfedern haben einen gebogenen Kiel und sind meistens asymmetrisch geformt; d. h., der äußere Teil der Federfahne ist wesentlich schmäler als der innere. Die inneren Steuerfedern sind mehr oder weniger symmetrisch.
Abweichend davon gibt es bei einigen Vogelarten anders geformte Konturfedern, z. B. die Schwanzfedern bei Stockente (6), Fasan (2) und Birkhahn; die Armschwingen bei der Mandarinente.

1 ◁

2 ▷

3 ◁

4 ▷

5 ◁

6 ▷

Federn

Graugans *Anser anser* 1
Schwungfedern

Silbermöwe *Larus argentatus* 2
Schwungfedern und Deckfedern (kleine Federn)

Uhu *Bubo bubo* 3
Schwungfedern

Habicht *Accipiter gentilis* 4
Schwungfedern

Mäusebussard *Buteo buteo* 5
rechts: Stoßfeder; links und Mitte: Schwungfeder

Turmfalke *Falco tinnunculus* 6
links: Schwungfeder; rechts: Stoßfeder des ♀

Eine Konturfeder besteht aus dem Kiel und der Fahne. Der Teil des Kiels, der die Fahne trägt und sie in Außen- und Innenfahne unterteilt, heißt Schaft; den unteren Teil des Kiels, der in der Haut sitzt, bezeichnet man als Spule.
Von beiden Seiten des Schaftes gehen im spitzen Winkel parallel angeordnete Federäste ab. Diese sind untereinander wiederum durch seitliche Abzweigungen (Haken- und Bogenstrahlen) zu einer einheitlichen Fläche, der Federfahne, verbunden. Beide Typen von Federstrahlen verhaken sich ineinander, indem die zur Federspitze hin ausgerichteten Hakenstrahlen mit kleinen Häkchen in die zur Federspule hin ausgerichteten Bogenstrahlen eingreifen. Der Mechanismus des Ineinanderhakens von Haken- und Bogenstrahlen erlaubt, daß die Federfahne dicht schließt und trotzdem noch so nachgiebig ist, daß sie auch bei starkem Druck nicht zerstört wird. Reißt die Federfahne aus irgendeinem Grund zwischen 2 Federästen auf, so kann der Vogel die einheitliche Fahnenfläche durch Ordnen mit dem Schnabel leicht wieder herstellen.

1 ◁

2 ▷

3 ◁

4 ▷

5 ◁

6 ▷

Rupfungen

Fuchs *Vulpes vulpes* 1

Füchse beißen die Federn eines erbeuteten Vogels einzeln oder büschelweise ab; dadurch entsteht der Eindruck, als seien die Federn mit einer scharfen Schere abgeschnitten (1). Auch Katzen, Marder, Iltisse und Wiesel verfahren in dieser Weise mit Beutevögeln. Es ist allerdings nicht leicht zu entscheiden, ob das Raubtier den Vogel selbst gefangen hat, oder ob es ihn tot aufgefunden hat. Die Artzugehörigkeit des Raubtieres anhand des Risses ist nur dann festzustellen, wenn dem Kadaver ein typischer Geruch, z. B. vom Fuchs, anhaftet, oder das Raubtier direkt neben dem Riß Kotspuren hinterlassen hat. Auf Abb. 1 hat ein Fuchs einen Mäusebussard verzehrt.

Habicht *Accipiter gentilis* 2/3

Der Habicht fliegt mit einem erbeuteten Vogel in die Deckung von Wald oder Gebüsch und beginnt dort am Boden zu rupfen. Dabei packt er jede einzelne Feder mit dem Schnabel am Schaft und reißt sie mit einem kräftigen Ruck aus der Haut. Die ausgerupften Federn weisen deshalb an dieser Stelle einen Knick auf, die Kielspitze der Feder, die vorher in der Haut steckte, ist unversehrt (2). Auf Abb. 2 sieht man einen vom Habicht geschlagenen Eichelhäher. Der Greifvogel hatte sein Beutetier schon fast vollständig gerupft, als er vermutlich gestört wurde und ohne Beute abfliegen mußte. Abb. 3 zeigt die Rupfung einer Ringeltaube. Die gesamten Federn des Vogels liegen alle in einem Umkreis von wenigen Metern am Boden. Findet eine Rupfung dagegen auf einem Baum statt, z. B. beim **Baumfalken** *(Falco subbuteo),* so werden die ausgerissenen Federn durch den Wind viel weiter verstreut.

Eine ähnliche Rupfungsanordnung – komplette Rupfung mit Klein- und Großgefieder – wie beim Habicht ist auch für den **Sperber** *(Accipiter nisus)* typisch. Im Gegensatz zum Habicht hat der Sperber feste Rupfplätze, die häufig etwas erhöht auf Baumstümpfen liegen. Während der Habicht bevorzugt Vögel von Tauben- bis Hühnergröße schlägt, erwischt der kleinere Sperber hauptsächlich Kleinvögel bis Drosselgröße.

Der **Wanderfalke** *(Falco peregrinus)* schlägt Vögel in der Größe, die auch der Habicht erbeuten könnte. Im Gegensatz zu den gedeckten Rupfplätzen des Habichts liegen die des Wanderfalken im offenen Feld und auf freien Flächen. Der Wanderfalke frißt meistens nur das Brustfleisch des erbeuteten Vogels. Als Überreste der Wanderfalkenrupfung findet man den zusammenhängenden Schultergürtel mit Brustbein und intakten Schwingen sowie kreisförmig verstreutes Kleingefieder.

1 ◁

2 ▷

3 ▽

Fraßspuren

Neuntöter *Lanius collurio* 1/2

Der Neuntöter, ein heute selten gewordener Bewohner der offenen Landschaft mit Hecken und Dornbüschen, späht von erhöhter Warte aus nach Beutetieren. Er jagt vorwiegend große Insekten wie Käfer, Schmetterlinge (1), Heuschrecken, Libellen und Hummeln, fängt aber auch kleine Säugetiere (2), Vögel und Frösche. Seiner Angewohnheit, Beutetiere auf Dornen oder Stacheldraht aufzuspießen, verdankt er seinen Namen. Auf diese Weise nutzt der Neuntöter gutes Beuteangebot und schafft sich einen Nahrungsvorrat für Schlechtwettertage, an denen nur wenige Großinsekten fliegen.
Ähnliche Verhaltensweisen gibt es auch bei anderen Würgearten. Der große **Raubwürger** *(Lanius excubitor),* dessen Nahrungsspektrum Mäuse, Kleinvögel und Großinsekten umfaßt, klemmt seine Beutetiere mit Vorliebe in Astgabeln und Rindenspalten; nur gelegentlich spießt er sie wie der Neuntöter auf. Abb. 2 könnte man auch dem Raubwürger zuschreiben.

Rabenkrähe *Corvus corone* 3

Als Allesfresser vertilgen Rabenkrähen Insekten, Würmer, kleine Wirbeltiere und verschiedene Pflanzenteile; sie durchstöbern aber auch Müllplätze nach freßbaren Dingen oder suchen zur Brutzeit systematisch die Bäume nach Vogelnestern ab und fressen die Eier und Jungvögel. Von der erbeuteten Zauneidechse auf Abb. 3 ist nur noch der Kopf und ein Bein übriggeblieben. Unverdauliche Reste, beispielsweise kleine Knochen, würgen die Krähen in Form von Speiballen (s. S. 98) wieder aus.

Fischotter *Lutra lutra* 4

Der in Mitteleuropa äußerst bedrohte Fischotter ernährt sich bevorzugt von 20–30 cm langen Fischen, gebietsweise kann der Anteil von Bisamratten, Wasserratten und Krebsen recht groß sein. Mit einem Beutefisch schwimmt der Wassermarder in sein Versteck am Ufer; als erstes beißt er mit seinen scharfen Zähnen den Kopf ab, dann nagt er das Fleisch sauber von den Gräten und vom Kopf ab. Als Überreste der Fischottermahlzeit findet man Knochen, größere Gräten und meistens die Schwanzflosse. Auf Abb. 4 wurde der Fischotter wahrscheinlich während der Mahlzeit gestört; er verschwand, nachdem er den Kopf des Hechtes abgebissen hatte und mußte vermutlich die Beute den Krähen überlassen.

1 ◁

2 ▷

3 ◁

4 ▷

Fraßspuren

Rothirsch (Fegemarke) *Cervus elaphus* 1

Das Geweih unserer Hirsche besteht aus Knochensubstanz und wird einmal pro Jahr abgeworfen. Aus den Rosenstöcken wächst sofort wieder ein neues Geweih hervor. In der Wachstumsphase ist es von einer gut durchbluteten Haut, dem Bast umgeben. Wenn das neue Geweih ausgewachsen ist, reibt der Hirsch die jetzt funktionslos gewordene Basthaut ab. Dazu scheuert er das Geweih so lange an elastischen, kleineren Bäumen und Büschen, bis der Bast vollständig abgestreift ist. Häufig ist an diesen Stellen die Baumrinde verletzt oder Seitenzweige sind abgerissen. Solche Wundstellen nennt man Fegemarken.

Damhirsch (Schälung) *Dama dama* 2

Wie alle Wiederkäuer haben auch Damhirsche nur im Unterkiefer Schneidezähne; im Oberkiefer übernimmt deren Funktion eine harte Hornleiste. Beim Benagen von Bäumen drückt der Hirsch den zahnlosen Oberkiefer als Widerlager gegen die Rinde und hobelt mit den Schneidezähnen des Unterkiefers Rindenstücke ab (Winterschälung, 2). Im Sommer sitzt die Rinde lockerer am Stamm, so daß sie der schälende Hirsch in Streifen abreißen kann. Die Spuren der Schneidezähne (jeder Zahn ca. 0,5 cm breit) sind daher nur bei der Winterschälung zu erkennen.

Rothirsch (Verbiß) *Cervus elaphus* 3

Hirsche schädigen Bäume oder Büsche auch durch Verbeißen der jungen Triebe und stören so deren normales Wachstum nachhaltig – es entstehen sog. Nestformen (in Abb. 3 Nestfichte). An der Höhe der Verbißspuren lassen sich Rothirsch, Damhirsch und Rehbock unterscheiden. Durch das Fehlen der oberen Schneidezähne können Hirsche einen Ast mit den Schneidezähnen des Unterkiefers nur bis zur Hälfte durchbeißen, den Rest reißen sie ab; dadurch sieht das Ende oft ausgefranst aus.

Wildschwein (Malbaum) *Sus scrofa* 4

Wildschweine suhlen sich gerne in schlammigen Pfützen (Suhlen). Den in ihrem Fell hängenbleibenden Schlamm reiben sie an bestimmten Bäumen ab. An diesen »Malbäumen« (4) ist in Höhe des Wildschweinkörpers (ca. 50–100 cm hoch) die Rinde abgeschabt, häufig klebt getrockneter Schlamm daran.

Auch Hirsche benutzen zur Fellsäuberung nach dem Suhlen Malbäume; entsprechend der größeren Höhe der Tiere befinden sich deren Schubberspuren jedoch in 1–1,5 m Höhe.

1 ◁

2 ▷

3 ◁

4 ▷

Fraßspuren

Wildkaninchen *Oryctolagus cuniculus* 1

Großflächige Nagespuren am unteren Teil von kleinen Bäumen und Sträuchern stammen häufig von Kaninchen (1) oder Feldhasen, die sich im Winter hauptsächlich von Rinde ernähren. Beide Arten sind anhand ihrer Nagespuren kaum zu unterscheiden; am sichersten gelingt die Artbestimmung durch die an der Nagestelle herumliegenden Kotpillen (s. S. 50). Hase und Kaninchen besitzen 4 von Schmelz umgebene Schneide-(Nage-)zähne, wobei ein Paar kleiner, stiftförmiger Zähne hinter einem größeren Paar meißelförmiger Zähne angeordnet ist. In der vorderen Mitte jeder der beiden großen Schneidezähne befindet sich eine Rinne; an dieser Stelle und am Längsspalt zwischen den beiden Schneidezähnen bleibt beim Nagen die Rinde stehen, so daß der Eindruck entsteht, hier hätte ein Tier mit 4 Nagezähnen gefressen. Manchmal, vor allem im Sommer, beißen Hasen und Kaninchen kleine Zweige und Knospen ab; die Bißstelle ist glatt wie mit dem Messer abgeschnitten, während sie bei Hirschen ausgefranst aussieht.

Biber *Castor fiber* 2/3

Im Herbst und Winter verzehren Biber hauptsächlich Rinde; sie bevorzugen dabei Zitterpappeln, Weiden und Birken. Im Sommer besteht ihre Nahrung aus Wasser- und Sumpfpflanzen, Blättern und Zweigen. Häufig fällen die Biber jüngere Bäume, um an die saftige Rinde der oberen Zweige und Äste zu kommen. Auch zum Bau ihrer Burgen und Dämme (s. S. 110) benötigen die Tiere Äste, Zweige und Stämme dieser Baumarten. Um einen Baum zu fällen, nagen sie den Stamm ca. ½ m über dem Boden von allen Seiten sanduhrförmig an (3), dünnere Bäume benagen sie einseitig. Bei der Fällarbeit beißen die Biber Späne von ca. 4 cm Breite und 10 cm Länge aus dem Holz. Die Zahnspuren (2) sind ca. 8 mm breit. Der benagte Baum fällt meistens in die Richtung der natürlichen Neigung der Krone. Vom gefällten Baum beißen die Tiere dünnere Zweige und Äste ab, die sie als Wintervorrat in ihren Bau schleppen; dickere Äste entrinden sie und verwenden sie als Baumaterial.

1 ◁

2 ▷

3 ▽

Schwarzspecht *Dryocopus martius* 1/3

Spechte sind Nahrungsspezialisten, die hauptsächlich Insekten, deren Larven und Puppen verzehren; ihre Beutetiere finden die meisten Arten hinter der Baumrinde oder tief im Holz verborgen.

Die Roßameise (Gattung *Camponotus*), das Hauptbeutetier des Schwarzspechtes, legt tief im Stammesinneren umfangreiche Nestkammern an. Da das Holz um die Nestkammer herum noch intakt ist, muß der nahrungssuchende Schwarzspecht zunächst ein Loch in den von Roßameisen befallenen Stamm hacken. Im Gegensatz zu den Höhleneingängen (s. S. 102) sind diese Hacklöcher unterschiedlich geformt, in der Regel 10–15 cm breit und oft bis 23 cm tief; die Lochränder sind durch das Wegbrechen der Spanstückchen unregelmäßig begrenzt. Häufig entstehen durch diese Hackarbeit große Löcher (1) oder bis 1 m lange Spalten. Beim Arbeiten geht der Specht stets von unten nach oben vor. Am Fuß des Baumes liegen oft in großer Menge die losgehackten Späne. Auf der Nahrungssuche bearbeitet der Schwarzspecht auch häufig morsche Stubben und hackt ebenfalls große Spanstücke los (3).

Dreizehenspecht *Picoides tridactylus* 2

Auch der Dreizehenspecht, ein typischer Bewohner der Gebirge und der nordischen Taiga, hinterläßt bei der Nahrungssuche deutliche Spuren. Um an den begehrten Baumsaft zu kommen, der im Frühjahr rund die Hälfte der Nahrung ausmacht, hackt er an Nadelbäumen waagerechte oder seltener spiralige Löcherlinien in die Rinde des Stammes (2) oder eines größeren Astes. Diese »Ringel«-Spuren findet man hauptsächlich an gesunden, älteren Fichten, seltener an Kiefern, Tannen oder Lärchen, von 1 m über dem Boden bis in den Kronenbereich. Der Abstand zwischen den einzelnen Löcherlinien beträgt 6–15 cm, zwischen den einzelnen Ringellöchern 1–2 cm. Die Löcher (∅ 3–8 mm) schlägt der Specht durch die Kambiumschicht des Baumes bis zum Splintholz. Dreizehenspechte ringeln von Mitte April bis September; die Ringelwunden werden häufig aufgesucht und auf austretenden Baumsaft kontrolliert, bei Bedarf legen sie neue Löcher an.

Der **Buntspecht** *(Picoides major)* ringelt nur in den Monaten März bis Mai; für seine Ringeltätigkeit bevorzugt er keine besondere Baumart. Die einzelnen Löcherlinien des Buntspechtes liegen 9–11 cm auseinander, die einzelnen Ringellöcher 3–4 cm.

1 ◁
2 ▷

3 ▽

Fraßspuren

Buntspecht *Picoides major* 1/2/3

Unser häufigster Specht, der Buntspecht, ernährt sich in den Wintermonaten hauptsächlich von den ölhaltigen Samen der Fichten- und Kiefernzapfen. Diese sitzen paarweise am Grund der Schuppen; die Schuppen sind spiralig um eine Spindel angeordnet. Um den Zapfen zu ernten, hält der Buntspecht sich mit einem Fuß am Zweig fest und mit dem anderen packt er den zu bearbeitenden Zapfen am Grund; dann hackt er mit einigen gezielten Schnabelhieben den Zapfenansatz auseinander, packt den Zapfen am hinteren Ende und fliegt davon. Meistens landet er mit dem Zapfen an einem Baumstamm in der Nähe und klemmt ihn in einem ausgefaulten Astloch, einer Astgabel oder einfach in einer Rindenspalte fest. Wenn er keine passende Vertiefung für seine Zapfen findet, zimmert er sich mit einigen Schlägen eine Spalte oder ein Loch. Den Zapfen verkeilt er mit der Basis voran in dem Spalt, so daß die Spitze herausschaut. Abb. 1 zeigt den Buntspecht mit einem Kiefernzapfen an seiner »Schmiede« (Spechtschmiede), Abb. 3 mit einem Fichtenzapfen.

Um an die begehrten Samen zu kommen, bearbeitet der Specht den Zapfen meistens von der Spitze her mit gezielten Hackschlägen. Nachdem er eine Zapfenschuppe zerhackt hat, holt er den Samen mit seiner klebrigen Zunge hinter der Schuppe hervor. Ist die vordere Hälfte leergefressen, dreht der Specht den Zapfen um und bearbeitet die Rückseite. Zapfenreste, die von einer Buntspechtmahlzeit herrühren, erkennt man am unordentlichen, zerzausten Zustand, die Schuppen sind umgeknickt, abgebrochen oder herausgerissen (2).

Wenn der Buntspecht mit einem Zapfen fertig ist, holt er sich einen neuen; hat der »Arbeitsbaum« eine rissige Rinde, so keilt er den Zapfen häufig an einer anderen Stelle ein – auf diese Weise stecken oft in einem Baum mehrere Zapfen in der Rinde. Eigens gezimmerte Schmieden werden jedoch mehrmals benützt: Den neuen Zapfen hält er zwischen Brust- bzw. Bauchgefieder und Stamm fest, während er den ausgebeuteten Zapfen aus der Schmiede löst und ihn seitlich fortschleudert. Dann keilt er den neuen Zapfen in der Schmiede fest und bearbeitet ihn in der geschilderten Weise. So können sich unter einer häufig benutzten Spechtschmiede große Mengen von entleerten Zapfen ansammeln (3). In derartigen Schmieden bearbeitet der Buntspecht nicht nur Koniferenzapfen, sondern alle möglichen Baumfrüchte, die er nicht direkt verzehren kann, wie Hasel- und Walnüsse, Mandeln, Bucheckern und Eicheln (s. S. 80).

1 △

2 ◁

3 ▷

Fraßspuren

Fichtenkreuzschnabel *Loxia curvirostra* 1

Im Gegensatz zum Buntspecht bearbeitet der Fichtenkreuzschnabel die Zapfen am Zweig und reißt sie nicht ab. Mit Hilfe seines besonders geformten Schnabels - die Spitzen von Ober- und Unterschnabel sind gekreuzt - vermag dieser Finkenvogel zwischen Zapfenspindel und die jeweilige Schuppe zu gelangen, die Schuppe anzuheben und mit der Zunge den Samen hervorzuholen. Dabei spaltet er jede Schuppe in der Mitte (1).

Ein naher Verwandter, der in Nord- und Nordosteuropa lebende **Kiefernkreuzschnabel** *(Loxia pytyopsittacus),* hat einen weitaus kräftigeren Schnabel, mit dem er die harten Kiefernzapfen bearbeiten kann. Er verfährt dabei ähnlich wie der Fichtenkreuzschnabel, nur beißt er die Zapfen ab, um sie auf einem Ast zu bearbeiten.

Eichhörnchen *Sciurus vulgaris* 2

Das Eichhörnchen beißt die Zapfen erst einmal vom Zweig ab; dann setzt es sich auf einen Ast und beginnt am basalen Teil des Zapfens zu fressen. Die unteren Schuppen reißt es gleich mit den Zähnen ab, denn sie sitzen relativ locker an der Spindel; die Basis des Zapfens sieht daher ausgefranst und spitz aus. Weiter zur Mitte hin sitzen die Schuppen fester; dort nagt das Eichhörnchen die Schuppen an der Basis ab. Manchmal nagt es die Schuppe auch nur bis zur Hälfte ab und reißt den Rest weg; dadurch bleiben an der Spindel oft Reste der Schuppen hängen. Der vom Eichhörnchen benagte Zapfen schaut deshalb unordentlich zerfranst aus. An der Spitze des abgenagten Zapfens läßt das Tier einen Schopf von Schuppen stehen. Unter einem Eichhörnchen-Fraßplatz findet man häufig die typischen, unordentlichen Spindeln und eine Menge abgerissener Schuppen (2).

Auch andere Waldbewohner interessieren sich für die hinter den Zapfenschuppen verborgenen Samen; **Mäuse** beispielsweise kommen nur an den Samen heran, wenn sie zuerst die Schuppen fein säuberlich abnagen. Daher sieht ein von einer Maus bearbeiteter Zapfen ordentlich aus, die Spindel ist gleichmäßig benagt, die Basis abgerundet. An der Zapfenspitze bleiben ein paar Schuppen schopfartig stehen. Von Mäusen benagte Zapfen findet man nur selten, denn die Kleinnager schleppen sie zum Verzehr meistens in ihr Versteck.

1△

▽2

Fraßspuren

Tannenhäher *Nucifraga caryocatactes* 1

Der Tannenhäher fliegt mit einer Nuß zu einem Baumstumpf oder einem ähnlichen Platz mit hartem Untergrund; er hält die Nuß mit einem Fuß fest, mit seinem kräftigen Schnabel hackt er dann so lange auf die Schale ein, bis sie in 2 Teile zerspringt.

Buntspecht *Picoides major* 2

Zum Öffnen von Haselnüssen sucht oder hackt sich der Buntspecht eine passende Schmiede (s. S. 76). Er legt die Nuß hinein und hackt mit gezielten Schnabelhieben ein Loch in die Schale; dann holt er den Kern stückchenweise heraus. Neben dem Einschlagloch sieht man oft noch die Spuren von weniger genau gezielten Schnabelhieben. Unterhalb der Spechtschmiede findet man häufig die leeren Nußschalen.

Waldmaus *Apodemus sylvaticus* 3

Um gefundene Haselnüsse öffnen und verzehren zu können, tragen Waldmäuse die Früchte zunächst in ein Versteck. An einer Schalenseite der Nuß nagt die Waldmaus zuerst ein kleines, rundes Loch. Sie hält die Nuß so, daß das untere Ende stets vom Körper weg zeigt. In die Öffnung steckt sie nun ihre unteren Schneidezähne, mit den oberen hält sie die Schale von außen fest. Dann nagt sie allein mit ihren unteren Schneidezähnen am oberen Rand der Nuß und bewegt diese dabei kreisförmig. Die Nagekante ist schräg - außen höher als innen. Die oberen Schneidezähne hinterlassen auf der Schalenaußenseite feine Zahneindrücke (3). Sobald die Öffnung groß genug ist, frißt die Maus den Kern stückchenweise heraus.

Im Gegensatz dazu hält die **Rötelmaus** *(Clethrionomys glareolus)* beim Nagen die Nuß so, daß das untere Ende zum Körper hin zeigt. Sie nagt also am körperzugewandten Rand der Schale, dadurch ist die Nagekante innen höher als außen; die Haltemarken der oberen Schneidezähne auf der Schaleninnenseite sind nur undeutlich zu erkennen.

Siebenschläfer *Glis glis* 4

Nußknackende Siebenschläfer sitzen wie Eichhörnchen auf den Hinterbeinen und halten die Frucht mit den Vorderpfoten fest. Zuerst nagen sie ein kleines Loch in die Schale; dann brechen sie mit den Schneidezähnen kleine Stückchen aus der Schale, um das Loch zu vergrößern und um an den begehrten Kern zu kommen.

1 ◁

2 ▷

3 ◁

4 ▷

Fraßspuren

Eichhörnchen *Sciurus vulgaris* 1/2

Junge Eichhörnchen müssen erst lernen, eine Nuß richtig zu knacken. Daher verraten die Nagespuren an Haselnüssen dem Kundigen, ob sich hier ein junges, unerfahrenes oder ein altes, routiniertes Tier als Nußknacker versucht hat: Junge Eichhörnchen nagen wahllos auf der Oberfläche der Schale herum, daher sind viele Nagespuren zu erkennen. Erfahrene Tiere nagen nur an einer Stelle eine Rille, meistens am spitzen Ende der Nuß - doch jedes Eichhörnchen macht es etwas anders. Ist in der Rille ein kleines Loch entstanden, steckt es seine unteren Schneidezähne hinein. Mit den oberen Schneidezähnen drückt es kräftig auf die Schale und sprengt die Nuß in 2 Hälften (1). Daraufhin verzehrt es den Kern und läßt die Schalenhälften zu Boden fallen.

Dickwandige Walnüsse knackt das Eichhörnchen nach demselben Prinzip. Um dünnschalige Walnüsse zu öffnen, drückt das Tier seine unteren Schneidezähne an einer Stelle der unregelmäßigen Nußoberfläche ein. Mit den oberen Schneidezähnen beißt es auf die Schalenaußenseite und sprengt so Teile der Schale weg (2).

Siebenschläfer *Glis glis* 3

Durch den Verzehr von Baumfrüchten wie Eicheln oder Haselnüssen (s. S. 80) legen sich diese Nagetiere aus der Schlafmaus-Familie eine dicke Fettschicht zu, von der sie während ihres langen Winterschlafes zehren können. Um an den Kern der Eichel zu kommen, beißt der Siebenschläfer seitlich ein kleines Loch in die Schale und bricht diese Öffnung stückchenweise größer. Ist das Loch groß genug, nagt er den Kern auf. Anhand der Breite der Nagespur (5-6 mm) kann man den Siebenschläfer sicher als Urheber ermitteln.

Waldmaus *Apodemus sylvaticus* 4

Waldmäuse klettern an Maispflanzen hoch und nagen zuerst die den Kolben umhüllenden Blätter bis zur Basis ab; dann beginnen sie, die Körner zu benagen. An ausgelösten Körnern kann man die Spuren der Nagezähne erkennen; von der Seite sieht man, daß das Korn halbkreisförmig ausgenagt ist.

Neben Mäusen ernten auch **Fasane** gerne die reifen Maiskolben ab. Im Unterschied zu Mäusen zerreißt der Fasan die Hüllblätter in Streifen, sie werden jedoch nicht abgetrennt. Weiterhin geben Pickspuren an den Körnern Hinweise auf den gefiederten Maisliebhaber.

1 ◁

2 ▷

3 ◁

4 ▷

Fraßspuren

Siebenschläfer *Glis glis* 1

Neben Nüssen, Eicheln und Bucheckern verzehren Siebenschläfer im Herbst auch Obst, etwa Äpfel (1), Birnen, Kirschen. Sie interessieren sich aber nur für das Fruchtfleisch und hinterlassen daran deutliche Spuren ihrer Nagezähne (Breite 5–6 mm). Neben Siebenschläfern findet man auch häufig die Spuren anderer Nagetiere an Obst; es ist allerdings schwierig, anhand der Fraßspuren auf die Artzugehörigkeit des Nagers zu schließen. Ein Anhaltspunkt ist hierbei die Breite der Schneidezähne, von der Größe der Zähne kann man auf die Größe des Tieres schließen.

Schneidezahnbreite einiger heimischer Nagetiere:

Schermaus *(Arvicola terrestris):* 3,5–4 mm
Feldmaus *(Microtus arvalis):* ca. 2,5 mm
Rötelmaus *(Clethrionomys glareolus):* 1,5–2 mm
Waldmaus *(Apodemus sylvaticus):* ca. 1,5–2 mm
Gelbhalsmaus *(Apodemus flavicollis):* ca. 1,5 mm
Eichhörnchen *(Sciurus vulgaris):* 4–5 mm

Hackspuren von **Vögeln** an Obst sind deutlich an den Pickspuren zu erkennen: Drosseln höhlen Äpfel geradezu aus, indem sie ein Loch in die Schale picken und dann das Fruchtfleisch herausholen. Kernbeißer *(Coccothraustes coccothraustes)* interessieren sich weniger für das Fruchtfleisch, sondern nur für die Kerne; sie arbeiten sich daher mit dem Schnabel durch das Fruchtfleisch zum Kern vor.

Haselmaus *Muscardinus avellanarius* 2

Obwohl Haselmäuse sehr gerne Haselnüsse fressen, sind sie in ihrem Vorkommen nicht an Haselsträucher gebunden und folglich auch nicht auf Haselnüsse als Nahrung angewiesen. Vielmehr verzehren sie je nach Jahreszeit verschiedene Sämereien, Knospen, Beeren, Baumfrüchte und Insekten. Im Spätsommer und Herbst besteht ein großer Anteil ihrer Nahrung aus Beeren, besonders Him- und Brombeeren. Die Fraßplätze in Brombeerschlägen sind deutlich zu erkennen, denn die Haselmäuse lassen bei ihrer Mahlzeit die Schalen und Kerne der Teilfrüchtchen auf die darunterliegenden Blätter fallen. Fraßspuren an Himbeeren sind nicht so eindeutig, da die eingetrockneten Reste schnell verbleichen. Da die Tiere nur kleine Territorien von rund 500 qm als Lebensraum beanspruchen, liegen die Fraßplätze meistens in Nestnähe. Im Gegensatz zu Waldmäusen, die gefundene Früchte erst einmal in ein Versteck tragen, fressen Haselmäuse die Beeren meist an Ort und Stelle.

1 △ ▽ 2

Fraßspuren

Traubenkirschen-Gespinstmotte *Yponomeuta evonymellus* 1

Diese Gespinstmotte legt ihre Eier an den Zweigen von Traubenkirsche oder manchmal auch Faulbaum ab. Die geschlüpften Jungraupen überwintern. Im Frühjahr überziehen sie die austreibenden Knospen ihres Wirtsstrauches mit einem feinen Gespinst und fressen sie langsam auf. Bei starkem Befall können Sträucher von Raupen dieser Gespinstmottenart fast vollständig übersponnen werden (1). Zur Verpuppung seilen sich die gelb und schwarz getupften Raupen ab und spinnen sich einen spindelförmigen Kokon innerhalb eines Gespinstes.

Minierfliegen Familie *Agromyzidae* 2

Diese in rund 600 Arten auftretenden, winzigen Insekten ähneln in ihrem Aussehen kleinen Stubenfliegen. Die Larven der Minierfliegen fressen in den Blättern ihrer Wirtspflanzen im Schwammgewebe zwischen der oberen und unteren Außenhaut gewundene Gänge. Diese Fraßgänge erscheinen anfangs weiß, später braun. Gegen Ende der Entwicklung werden die Gänge wegen des gestiegenen Platzbedarfs der Larven immer breiter. Zur Verpuppung nagt sich die Larve nach außen und läßt sich zu Boden fallen.

Buchdrucker *Ips typographus* 3

Dieser 4–5,5 mm lange Käfer gehört zur Familie der Borkenkäfer. Die ♂♂ bohren sich durch die Baumrinde und bauen eine Höhlung, die Rammelkammer, in der sie die ♀♀ begatten. Von dort aus nagen die ♀♀ den »Muttergang« in die Rindenschicht. In Nischen des Ganges legt das ♀ 50–100 Eier ab. Die ausschlüpfenden Larven fressen senkrecht zum Muttergang entsprechend ihrem Wachstum immer breiter werdende, gewundene Gänge. Am Ende verpuppen sie sich; der geschlüpfte Käfer frißt sich dann durch die Rinde ins Freie. Durch die Bohr- und Freßtätigkeit des Buchdruckers wird die Saftleitung unterbrochen, so daß der befallene Baum langsam abstirbt.

Eichenbock *Cerambyx cerdo* 4

Die Larven des Eichenbocks ernähren sich von Eichenholz. Sie leben anfangs in der Rinde, dann nagen sie sich durch Splint und Bast tief in das Holz hinein. Die Gänge sind fingerbreit und haben einen ovalen Querschnitt. Die Verpuppung findet in einem hakenförmig gekrümmten, ca. 8 cm langen Gang statt, der sogenannten Puppenwiege.

1 ◁

2 ▷

3 ◁

4 ▷

Fraßspuren

Großer Kohlweißling *Pieris brassicae* 1

Dieser relativ große Falter (Spannweite ca. 6 cm) gehört zu den häufigsten Schmetterlingen überhaupt. Kohlweißlingsraupen sind gelblichgrün gefärbt und schwarz gepunktet. Sie fressen hauptsächlich an Kreuzblütlern wie Kohl, Blumenkohl und anderen kultivierten Kohlsorten. Aufgrund des großen Futterangebots für die Raupen in unserer Kulturlandschaft kann sich der Kohlweißling stark vermehren. Treten die Raupen in geringer Dichte auf, findet man als Spuren ihrer Fraßtätigkeit meistens große Löcher in der Blattmitte oder am Rand der Kohlblätter. Bei starkem Befall mit Kohlweißlingsraupen sind die Kohlköpfe oft völlig zerfressen. Diese Schmetterlingsart kann dann arge Schäden an den Kulturpflanzen anrichten.

Haselblattroller *Apoderus coryli* 2

Der zur Familie der Rüsselkäfer *(Curculionidae)* gehörende Haselblattroller ist rötlich gefärbt und ca. 6–8 mm lang. Er lebt auf verschiedenen Laubbaumarten, besonders auf Hasel und Erle. Die Käfer fressen – im Gegensatz zu Schmetterlingsraupen, die meist vom Blattrand her fressen, – das Blattgewebe zwischen den Blattrippen heraus (2). Bei starkem Befall bleiben oft nur noch die Blattrippen am Baum oder Strauch übrig. Zur Eiablage zerteilt das Käfer-♀ mit seinen Mundwerkzeugen ein Blatt von der Außenkante her zur Mittelrippe und rollt es dann zigarrenförmig ein. In dieses Blattröllchen legt es dann seine 1–4 Eier. Nach einiger Zeit schlüpfen daraus die typischen fußlosen Larven.

Weinbergschnecke *Helix pomatia* 3

Unsere größte einheimische Landschnecke, die Weinbergschnecke, erreicht einen Gehäusedurchmesser von 4–6 cm. Ihre Nahrung, weiche Pflanzenteile, raspelt diese Schnecke mit ihrer Reibezunge ab, die mit mehreren Längsreihen von Zähnen besetzt ist. Die Weinbergschnecke frißt Löcher aus Blättern heraus (3), oft nagt sie kleine Pflanzen vollständig ab. Von den Fraßspuren anderer Kleintiere wie Raupen (1) und Käfer (2) sind Schneckenfraßspuren leicht zu unterscheiden, denn Schnecken hinterlassen beim Kriechen stets Schleimspuren: Die Fortbewegung bei den Landschnecken erfolgt durch wellenartige Muskelbewegungen des Fußes auf einem Schleimfilm, der von der Sohle gebildet wird.

1△ ▽2

3▽

Gallen

Buchenblattgallmücke *Mikiola fagi* 1/2

Der Urheber der Buchengallen ist eine sehr kleine, 4–5 mm lange, rosafarbene Mücke. Zur Fortpflanzungszeit stechen die ♀♀ mehrmals in die Blattrippen von Buchenblättern und legen ihre Eier dort ab. Durch diesen Reiz bildet das Blatt an der Einstichstelle eine Wucherung, die typische Buchengalle, aus; sie ist 4–10 mm lang, zwiebelförmig und läuft spitz zu. Ihre Oberfläche ist glatt, glänzend und rötlich überlaufen (1). Im Inneren befindet sich eine Kammer, in der die Larve heranwächst (2). Sie ernährt sich vom Gewebe der Galle und höhlt diese langsam aus. Ende März schlüpft die fertige Gallmücke aus.

Eichengallwespe *Cynips quercusfolii* 3

Die winzige Eichengallwespe (Länge 3–4 mm) sticht ihre Eier in die Blattrippen auf der Unterseite von Eichenblättern ein. Die dadurch hervorgerufenen Gallen, die »Galläpfel« (3), sind grün und auf der Sonnenseite rot (∅ bis zu 2 cm). Im Inneren wächst nur je eine helle Larve heran, die den Gallapfel ausfrißt. Die im Winter daraus schlüpfenden ♀♀ legen ihre Eier in ruhende Eichenknospen. Aus den unscheinbaren Knospengallen entwickeln sich dann ♂♂ und ♀♀. Diese Generation der ♀♀ legen ihre Eier wieder in die Blattrippen der Eichenblätter und der Kreislauf schließt sich damit.

Fichtengallenläuse Familie *Adelgidae* 4

Diese winzigen Insekten saugen an der Basis von Nadeln der Nadelbäume. Daraufhin schwellen diese Nadeln an und wachsen zu einem größeren Gebilde zusammen. Die so entstandene Galle, aufgrund ihres Aussehens häufig »Ananasgalle« genannt (4), ist 2–3 cm groß und enthält viele Kammern, in denen sich die Larven der Gallenläuse entwickeln.

Rosengallwespe *Diplolepis rosae* 5

An den Zweigen und Blättern der Heckenrose legt das ♀ der Rosengallwespe seine Eier ab; die durch Einwirkung der Larve von der Pflanze gebildete Galle (5) ist groß und sieht zottig behaart aus. Ihre Färbung reicht von Rot bis Grün; sie enthält mehrere Larvenkammern. Man nennt die Rosengalle auch »Schlafapfel«, da man früher annahm, daß Rosengallen unter dem Kopfkissen den Schlaf fördern.

1 ◁

2 ◁

4 ▷

3 ◁

5 ▷

Gewölle

Einführung

Gewölle sind walzenförmige Gebilde, die aus Haaren, Federn, Knochen und Chitinteilen von Insekten bestehen; diese unverdaulichen Reste von Beutetieren werden im Magen bestimmter Vogelarten zu einem Klumpen zusammengeballt und in Abständen ausgewürgt. Damit der Durchgang durch die Speiseröhre reibungslos funktioniert, sind die Gewölle mit einem Schleimüberzug versehen, der an der Luft schnell trocknet.

Gewölle werden von Vögeln aus verschiedenen Ordnungen produziert und geben oft Hinweise auf die Artzugehörigkeit und auf die Nahrungsgewohnheit des Beutegreifers. Am bekanntesten sind die der Eulen und Greifvögel.

Eulengewölle enthalten neben zusammengeballten Haaren bzw. Federn meistens sehr gut erhaltene Schädel und Knochen von Kleinsäugern oder Vögeln (Abb. unten), da der Magensaft offensichtlich nicht sehr scharf ist. Häufig ist anhand der Schädelreste sogar eine Artbestimmung der Beutetiere möglich. So wurde erst 1933 die Waldbirkenmaus *(Sicista betulina)* als Erstnachweis für Mitteleuropa in den Gewöllen von ostpreußischen Habichtskäuzen festgestellt.

Zerlegtes Eulengewölle; links Haare und Wollreste, rechts die verschiedenen Knochen herausortiert

Ansammlung von Gewöllen und Kot der Waldohreule

Gewölle, die Reste von Echten Mäusen enthalten, sind viel lockerer und fallen leichter auseinander als die Gewölle mit Wühlmausresten, weil deren kurze Haare stark verfilzen. Gewölle, die Spitzmausreste beinhalten, weisen häufig eine intensivere Färbung auf als solche mit Mäusen.
Der Magensaft der Greifvögel ist dagegen so scharf, daß er kleinere Knochen fast vollständig auflöst. Im Gegensatz zu Eulen, die ihre Beutetiere in der Regel im ganzen verschlingen, rupfen die Greifvögel größere Beutetiere und Vögel zuerst und fressen sie dann in kleinen Stücken. Daher nehmen sie auch von vornherein nur wenige Knochen auf.
Auch Reiher, Störche, Möwen, Krähen, Eisvögel und insektenfressende Kleinvögel, um nur einige zu nennen, entledigen sich auf die beschriebene Weise ihrer unverdaulichen Nahrungsreste. Für diese Vogelgruppen gilt, daß deren Gewölle leicht zerfallen und dann in der Landschaft nicht mehr als solche zu erkennen sind, es sei denn, sie haben Kleinsäuger gefressen. Durch das Fell verfilzen die Gewölle und werden haltbarer.
Gewölle größerer Vögel findet man in der Regel unter deren Horst- und Schlafplätzen. Waldohreulen beispielsweise schlafen im Winter häufig zu mehreren auf Nadelbäumen am Rande von Ortschaften; unter diesen Bäumen kann man eine Ansammlung von Gewöllen und den Kot der Vögel finden (Abb. oben). Desweiteren findet man Gewölle vermehrt unter Ansitz-(Jagd-)Warten oder in der Landschaft verstreut.

Gewölle

Steinkauz *Athene noctua* 1

Die zylindrisch schlanken Gewölle des Steinkauzes sind 30–40 (–70) mm lang und 10–19 mm im ∅. Nach dem Verzehr von vielen Reptilien und Insekten glänzen sie aufgrund der Schuppen und Chitinteile. Man findet sie hauptsächlich unter Jagdwarten und Schlafplätzen.

Waldkauz *Strix aluco* 2

Die aschgrauen, bauchig geformten Gewölle mit unregelmäßiger Oberfläche und pappmacheartiger Beschaffenheit sind je nach Nahrungsinhalt 35–45 (–80) mm lang und ca. 20 mm im ∅. Der Waldkauz hat keinen regelmäßigen Gewöllplatz, die Gewölle liegen zerstreut und sind deshalb schwer zu finden.

Schleiereule *Tyto alba* 3

Die relativ großen, bauchigen Gewölle haben abgerundete Ecken, sind 20–80 mm lang und 18–35 mm im ∅. Der Speichelüberzug läßt frische Gewölle dunkler und wie lackiert aussehen und gibt alten, fast zerfallenen Gewöllen eine glatte, verfestigte »Oberflächenhaut«. Die Gewölle liegen meistens am Nest, aber auch unter Tages- und Wintereinständen.

Waldohreule *Asio otus* 4

Die Gewölle der Waldohreule ähneln denen des Waldkauzes (2); sie sind 40–65 (–100) mm lang und 25–30 mm im ∅. Sie sind weniger kompakt als die der Schleiereule und heller grau, die Knochen sind stärker zertrümmert. Die Gewölle findet man in der Nähe des Horstbaumes, unter Tageseinständen und bevorzugt unter Wintereinständen.

Uhu *Bubo bubo* 5

Je nach Nahrungsinhalt sind die Gewölle länglich mit unregelmäßiger Oberfläche bis oval mit glatter Oberfläche aus verfilzten Haaren und abgerundeten Ecken. Sie sind 50–100 mm lang und 25–40 mm im ∅. Sie werden vor allem in der Brutnische ausgewürgt, man findet sie aber auch am Fuße der Brutwand oder unter Warten.

Mäusebussard *Buteo buteo* 6

Die filzigen, grauen Gewölle sind ziemlich gleichmäßig gestaltet. Sie enthalten keine Konchen und zerbröckeln leicht. Ihr ∅ beträgt ca. 30 mm, ihre Länge 60–70 mm. Man findet sie unter den Ruhewarten – niedrige Bäume, Pflöcke oder Erdhaufen im freien Feld.

1 ◁

2 ▷

3 ◁

4 ▷

5 ◁

6 ▷

Gewölle

Analyse

Aufgrund des guten Erhaltungszustandes der Knochen, Schädel und Chitinteile eignen sich Eulengewölle besonders gut für die Analyse ihres Beutespektrums. Am häufigsten wird man darin Unterkiefer und Schädel von Wühlmäusen entdecken, aber auch Vogelschädel.

Auf die nicht immer einfache Artbestimmung der Kleinsäuger anhand von Schädel- und Zahnmerkmalen kann im Rahmen dieses Buches nicht eingegangen werden. Hierzu wird Spezialliteratur empfohlen.

Der prozentuale Anteil der einzelnen Beutetierarten im Nahrungsspektrum ist in gewissen Grenzen für jede Eulenart typisch. Er schwankt meistens nur in geringem Ausmaß in Abhängigkeit vom jahreszeitlichen Beutetierangebot. Die folgenden Prozentangaben sind Durchschnittsangaben und beziehen sich auf Mitteleuropa.

Ein sehr einseitiges Nahrungsspektrum hat die **Waldohreule:** Die Feldmaus (1) ist mit 70–80% vertreten, der Anteil der übrigen Wühlmäuse, der Waldmäuse und Vögel (4) liegt meistens unter 10%.

Das Beutespektrum des **Uhus** dagegen ist groß und umfaßt Kleinsäuger und Vögel von Maus- bzw. Sperlings- bis Hasen- bzw. Auerhuhngröße. Hauptbeutetiere sind Hasen und Kaninchen, Rebhühner und Krähen, in Gewässernähe meistens Bläßhühner und Stockenten. In vielen Gebieten ist der Anteil der Igel in der Uhunahrung recht groß; man findet in den Gewöllen Igel-Unterkiefer (5) und an den Gewöll-Fundplätzen leere Igelhäute.

Ein noch vielseitigeres Beutespektrum als der Uhu weist der **Waldkauz** auf. Hauptbeutetiere sind Feld- (1) und Waldmaus (2), gebietsweise auch Erd- und Rötelmaus. Auffällig ist der relativ hohe Anteil an Spitzmäusen (Waldspitzmaus 3) und Vögeln (4), die in manchen Gegenden ca. 20% ausmachen. Gebietsweise findet man in den Gewöllen viele Amphibien- und Käferreste, wie Lauf- (6) und Maikäfer (7). Die Knochenreste in Waldkauzgewöllen sind oft stark zertrümmert und viele Beutetiere sind nur noch anhand ihrer Zähne nachweisbar.

Findet man Gewölle mit Käferflügeln, so deutet das auf den **Steinkauz** hin. Hauptbeutetiere dieses kleinen Kauzes sind Wühl- und Echte Mäuse, daneben auch Vögel (gebietsweise bis 50%) und Käfer, vor allem Laufkäfer (6).

In den Gewöllen der **Schleiereule** überwiegen bei weitem die Feldmaus (1) und die Waldspitzmaus (3), daneben findet man die Waldmaus (2) und gebietsweise auch Vögel (4).

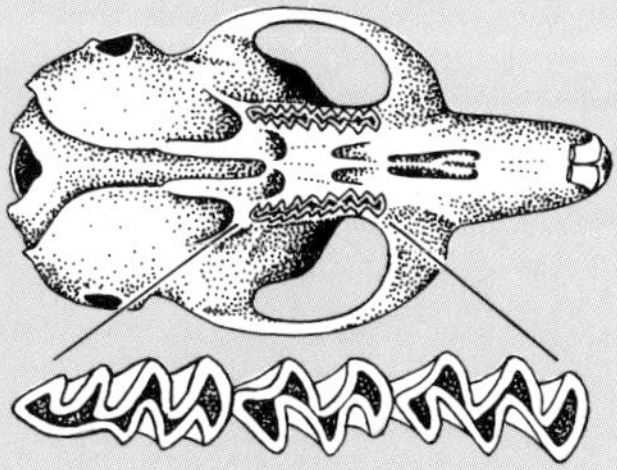

1

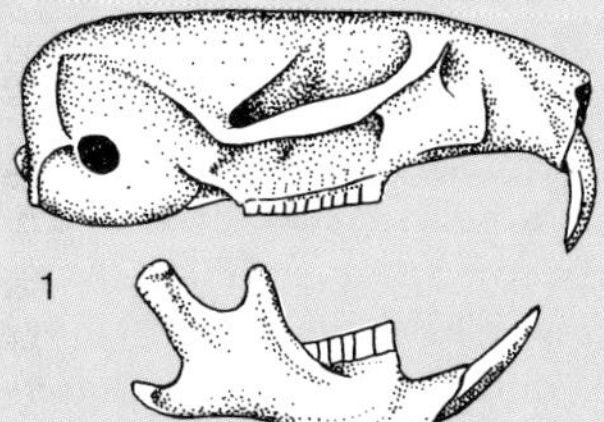

1

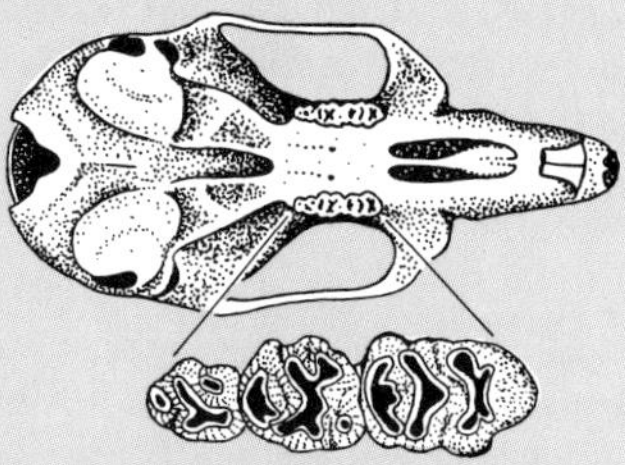

2

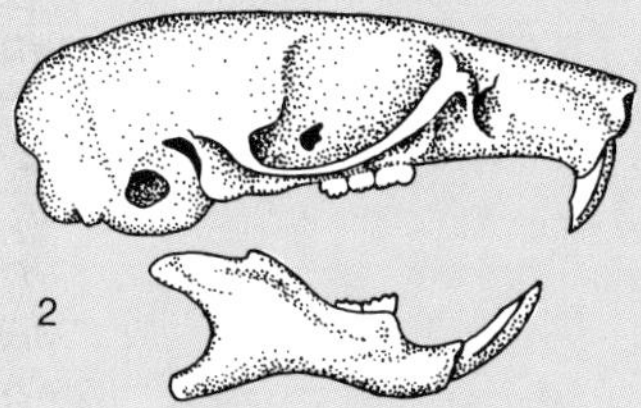

2

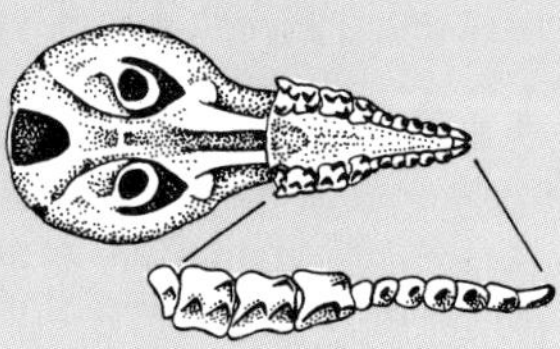

3

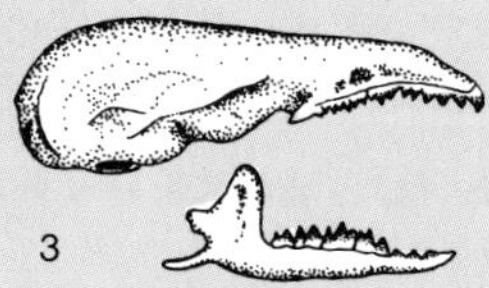

3

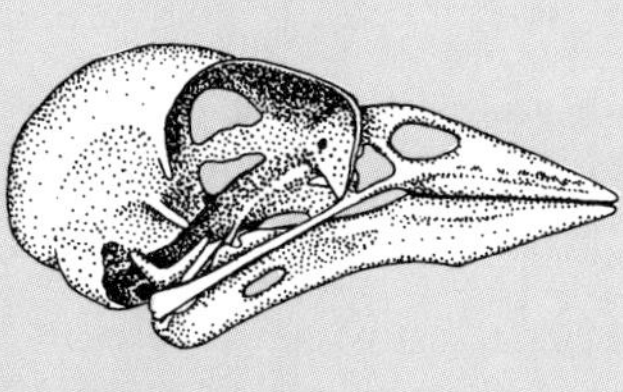

4

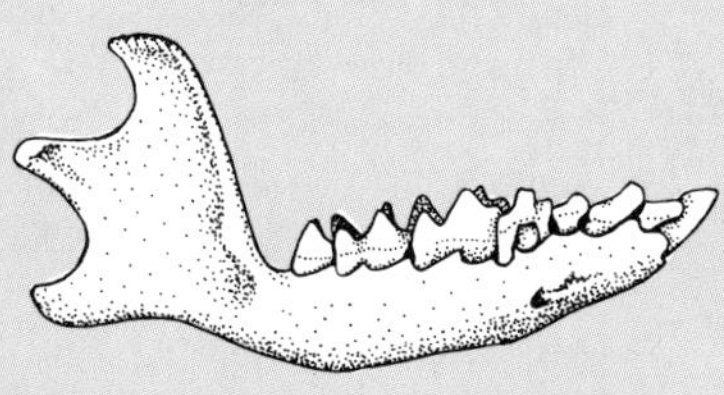

5

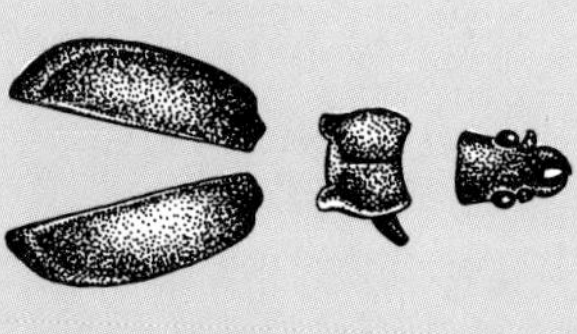

6

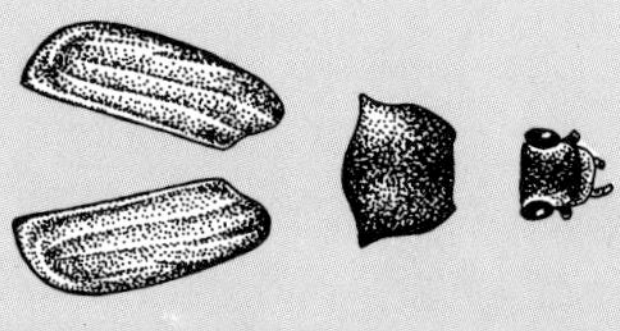

7

Gewölle

Graureiher *Ardea cinerea* 1

Graureihergewölle findet man hauptsächlich unter den Schlaf- und Brutbäumen. Diese runden bis ovalen Ballen bestehen aus verfilzten Säugetierhaaren, aus Überresten von Insekten oder aus Federn. Knochen und Fischüberreste findet man darin jedoch nicht.

Weißstorch *Ciconia ciconia* 2

Die 5–7 cm langen und ca. 3 cm dicken Gewölle des Weißstorchs sind stark verfilzt und grau; sie enthalten neben Haaren, Federn und Schuppen viele Käferflügel. Gewölle mit Mäusehaaren sind groß und kugelig. Knochen werden vollständig verdaut und fehlen daher.

Silbermöwe *Larus argentatus* 3

Die Speiballen von Silbermöwen messen je nach Alter der Vögel sowie nach Art und Menge der Nahrung 35–50 mm in der Länge und 20–30 mm im ∅. Sie zerfallen leicht, da sie überwiegend Überreste von Muscheln und Krebsen enthalten, daneben auch Reste von Zivilisationsmüll. Man findet sie vor allem in den Kolonien und an den Schlafplätzen am Strand.

Lachmöwe *Larus ridibundus* 4

Die Speiballen der Lachmöwen sind 20–40 mm lang und 15–30 mm dick. Sie enthalten vor allem Getreidespelzen, aber auch Knochen, Chitinteile, Muscheln und Fischschuppen. Diese Möwen halten sich bevorzugt im Landesinneren auf, man trifft sie aber auch an der Küste an.

Saatkrähe *Corvus frugilegus* 5

Die ca. 3,5 cm langen und ca. 2 cm dicken Speiballen der Saatkrähen liegen vorwiegend an den Futterplätzen und unter den Brutbäumen. Bei überwiegendem Verzehr von Getreidespelzen sind sie gelb gefärbt, von Mäusen grau; sie enthalten oft Steinchen und zerfallen sehr leicht.

Neuntöter *Lanius collurio* 6

Die kleinen Speiballen des Neuntöters findet man selten, da sie sehr leicht zerfallen. In ihnen sind die Reste von Insekten, den Hauptbeutetieren, zu erkennen.

1 ◁

2 ▷

3 ◁

4 ▷

5 ◁

6 ▷

Wohnbauten

Einführung

Viele Tiere schaffen sich in einer typischen Weise Wohnbauten, aufgrund derer man Rückschlüsse auf die Artzugehörigkeit des Erbauers ziehen kann. Wohnbauten kann man in allen Bereichen der Vegetation und im Boden finden. Je nachdem, wo sich die Bauten befinden, kann man sie in folgende Kategorien einteilen.

Wohnbauten, die in der Erde angelegt werden Viele Säugetiere wie Dachs, Fuchs, Hamster, Wühlmäuse und Maulwürfe (vgl. Abb.) graben sich teils einfache Gänge, teils weitverzweigte Gangsysteme in die Erde, in denen sich ein Großteil ihres Lebens abspielt. In der Regel enthält ein umfangreicherer Erdbau Nest- und Vorratskammern, manchmal auch eine Abortkammer. Für die Artbestimmung der Baubewohner ist vor allem die Form und Anordnung der Baueingänge von Bedeutung: Der Durchmesser der Eingangsröhre gibt Hinweise auf die Größe der Baubenutzer. Einige Baue größerer Tiere, beispielsweise Dachsbaue, werden häufig über Jahrzehnte bewohnt und können dann recht umfangreich werden. Oft ist es nicht leicht zu entscheiden, ob der ursprüngliche Erbauer noch der momentane Bewohner des Baues ist oder ob sich bereits »Untermieter« einquartiert haben: z. B. Füchse und Wildkatzen in Dachsbauten, Wald- und Spitzmäuse in Wühlmaus- und Maulwurfgängen oder Hermeline in alten Schermausbauten. Häufig geben weitere Spuren wie Kot- oder Trittsiegel Hinweise auf diese Untermieter.

Erdbaue in senkrechten Lehm- und Lößwänden legen Rackenvögel und Uferschwalben an. Als Bestimmungshilfen dienen in diesem Fall der Biotop, in dem die Höhle angelegt wurde und die Form und Anzahl der Eingangslöcher.

Baue auf der Erde Dazu zählen die Nester und Mulden bodenbrütender Vogelarten sowie Lager von Säugetieren, beispielsweise Rehbett, Wildschweinkessel, Hasensasse und Igelnest.

Nester über der Erde in Kräutern, Büschen und Sträuchern Die meisten Kleinvögel nisten in diesem Bereich. Ihre Nester sind in der Regel napfförmig und gut getarnt in die Vegetation hineingebaut. Für jede Brut wird ein neues Nest angelegt, da das alte im Verlauf des Brutgeschäftes stark beansprucht wird.

Ähnliche Nester wie manche Kleinvögel bauen Haselmaus und Zwergmaus. Sie enthalten jedoch keine Federn. Freistehende Nester von Kleinvögeln und Kleinsäugern findet man am ehesten im Winter.

Freistehende Nester in hohen Büschen und Bäumen Hierzu zählen die Horste von Großvögeln wie Greife, Reiher, Kormorane und Rabenvögel,

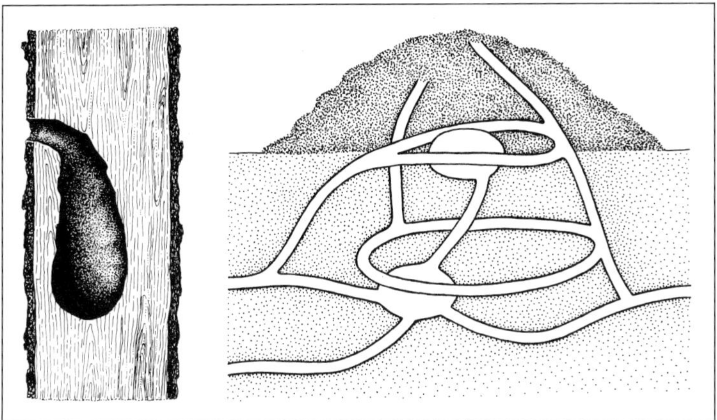

Längsschnitt durch eine Spechthöhle (links). Schnitt durch den Bau eines Maulwurfs (rechts) mit Gängen, Wohnkessel unter dem Hügel und Vorratslager darunter.

aber auch die einiger Kleinvögel wie Drosseln oder Pirole, sowie die Kobel von Eichhörnchen.

Viele Großvögel benützen alljährlich wieder die alten Horste, bessern sie aus und stocken sie auf, so daß sie im Laufe der Zeit immer umfangreicher werden.

Höhlen in Bäumen Nur die Spechtarten und die Weidenmeise sind in der Lage, sich selbst Baumhöhlen zu zimmern (vgl. Abb.). Alle anderen Höhlenbewohner sind auf die Arbeit dieser Vögel angewiesen. Die wichtigsten höhlenbrütenden Vögel sind Stare, Meisen, Kleiber, Fliegenschnäpper, Käuze und Hohltauben; Säutetierarten, die man in Baumhöhlen antreffen kann, sind u. a. Fledermäuse, Bilche, Marder und Eichhörnchen.

In und an Gebäuden Eine Reihe von Vogelarten nistet bevorzugt an und in Gebäuden. Hierzu gehören Schwalben, Haussperlinge, Dohlen, Schleiereulen und Turmfalken. Aber auch einige Säugetierarten wie Steinmarder, Fledermäuse, Hausmäuse und Ratten trifft man hier an.

Um die Bewohner nicht zu gefährden, sollte man Störungen an Bauen oder Nestern unbedingt unterlassen. Trampelpfade zu bewohnten Nestern erregen die Aufmerksamkeit von Beutegreifern wie Füchsen und Mardern; Eichelhäher und Krähen entdecken Nester schneller, wenn sich ein Mensch daran zu schaffen gemacht hat.

Wohnbauten

Buntspecht *Picoides major* 1

Der Buntspecht ist der häufigste Specht Mitteleuropas; er zimmert seine Bruthöhlen - jedes Jahr neu - in die Stämme oder Äste von morschen Laub- und Nadelbäumen. Die Höhlen liegen meistens 3-8 m über dem Boden. Der Höhleneingang ist in der Regel kreisrund (∅ 4,5-6 cm). Die Innenwände der Höhle sind wie das Flugloch sauber ausgemeißelt und glatt. Tiefe der Höhle ca. 20-50 cm, Innen-∅ 8-15 cm.

Grünspecht *Picus viridis* 2

Da sich Grünspechte zur Nahrungssuche fast ausschließlich auf dem Boden aufhalten, werden sie zu den Erdspechten gezählt. Der Grünspecht übernimmt gerne von anderen Spechtarten gezimmerte Höhlen; eigene Höhlen zimmert er gewöhnlich in ausgefaulte Laubbäume in 2-10 m Höhe. Der Höhleneingang ist queroval und mißt 5-7,5 cm in der Höhe und 5,5-7,5 cm in der Breite. Die Höhle selbst ist 25-30 cm tief, ihr Innen-∅ beträgt 15-20 cm.

Schwarzspecht *Dryocopus martius* 3/4

Unser größter europäischer Specht, der Schwarzspecht, benötigt für die Anlage seiner Nisthöhle Altholzbestände, deren Bäume mindestens 4-10 m hoch astfrei sind. Bevorzugte Brutbäume sind Buchen und Kiefern. Der Schwarzspecht zimmert seine Bruthöhle meistens in 8-15 m Höhe. Das Einflugloch (3) ist in der Regel hochoval (Höhe 9-16 cm, Breite 7-12 cm). Die Bruthöhle ist bis 60 cm tief, bei fortschreitenden Fäulnisprozessen im Holz und mehrfacher Verwendung kann sie bis 80 cm tief werden. Der Innen-∅ in Höhe der Nestmulde beträgt rund 25 cm.

Spechte sind mit Ausnahme der Weidenmeise die einzigen höhlenbewohnenden Vögel, die ihre Bruthöhle selber zimmern. Durch ihre Tätigkeit stellen sie anderen höhlenbewohnenden Tieren wie Kleinvögeln, Hohltauben, Eulen, Fledermäusen (4) und Bilchen Wohnraum zur Verfügung. Die verschiedenen Höhlenbewohner sind auf Höhlen bestimmter Größe angewiesen: So werden Buntspechthöhlen beispielsweise von Meisen, Kleibern, Trauerschnäppern und Sperlingskäuzen bezogen, die großen Schwarzspechthöhlen vom Rauhfußkauz und der Hohltaube. Unsere Forstwirtschaft arbeitet leider den Interessen der Höhlenbewohner entgegen, indem sie alte, morsche Bäume aus dem Wirtschaftswald entfernt. Durch das Aufhängen von Nistkästen kann die Wohnungsnot unserer Höhlenbewohner teilweise gelindert werden (s. S. 104).

1 ◁

2 ▷

3 ◁

4 ▷

Wohnbauten

Kleiber *Sitta europaea* 1

Kleiber kleben mit Lehm und Speichel die Eingänge ihrer Nisthöhlen so weit zu, daß sie selbst gerade noch durchpassen, ihre Feinde und Konkurrenten (z. B. Star) jedoch nicht mehr. Auch die Eingänge von Nistkästen (1) werden mit Mörtel, der zementartig hart wird, »zugemauert«. Oft läßt sich die Vorderwand des vom Kleiber bezogenen Nistkastens nur noch mit Gewalt abnehmen, denn der Vogel hat die Ritzen zwischen Vorderwand und Kasten auch zugemörtelt. Kleiber tragen als Nistmaterial große Mengen von Rindenstückchen und Blättern ein.

Fledermäuse Familie *Vespertilionidae* 2

Ein Teil unserer heimischen Fledermäuse bewohnt Baumhöhlen; zu ihnen gehören beispielsweise der Abendsegler *(Nyctalus noctula),* das Braune Langohr *(Plecotus auritus)* und die Wasserfledermaus *(Myotis daubentoni).* Bei Mangel an geeigneten Baumhöhlen beziehen diese Fledermäuse auch Nistkästen. Von Fledermäusen besetzte Nistkästen erkennt man - auch noch nach dem Auszug der Tiere - an den großen Mengen Kot (vgl. S. 52) am Boden des Kastens (2).

Siebenschläfer *Glis glis* 3

Von Siebenschläfern bewohnte Nistkästen weisen meistens Kotspuren auf dem Dach auf. Für ihr Nest tragen die Tiere große Mengen von Buchen- und Eichenlaub, manchmal auch Zweige von Fichten und Lärchen ein. Bei einer Kontrolle des Kastens wühlt sich der Siebenschläfer oft in das Nistmaterial ein; häufig läßt er dazu surrende Laute hören, die an das agressive Summen eines Hornissenschwarmes erinnern. Der Siebenschläfer auf der Abb. 3 hat den Nistkasten wahrscheinlich gerade erst bezogen, denn er hat noch keine Blätter eingetragen.

Haselmaus *Muscardinus avellanarius* 4

Unser kleinster Bilch, die Haselmaus, baut ihr kunstvolles Nest aus Gras, Blättern und Bast (s. S. 108) auch in den von ihr bezogenen Nistkasten. Oft setzt sie ihre Nestkugel auf ein vorhandenes Vogelnest auf. Haselmäuse gehen nach dem Erwachen aus dem Winterschlaf im April und hauptsächlich im Spätsommer und Herbst in Nistkästen; ihre Jungen, die von Mai bis August geboren werden, bringen sie darin jedoch nur ausnahmsweise zur Welt.

1 ◁

2 ▷

3 ◁

4 ▷

Wohnbauten

Uferschwalbe *Riparia riparia* 1
Unsere kleinsten Schwalben, die Uferschwalben, sind ausgeprägte Koloniebrüter. Sie graben sich mit Schnabel und Füßen Röhren in sandige, tonige oder lehmige Steilufer, um darin ihre Brut aufzuziehen. Die einzelnen Röhren beginnen mit einem querovalen Einschlupfloch, sind 60–100 cm lang und haben einen ∅ von ca. 5 cm. Am Röhrenende graben die Schwalben eine ca. 10 cm große, kugelige Kammer, in die sie ihr lockeres, aus Gras und Federn bestehendes Nest bauen. Da natürliche Steilwände an Flußufern und Meeresküsten selten geworden sind, nisten die Uferschwalben heutzutage vorwiegend in Sandgruben und in anderen künstlich geschaffenen Steilwänden.

Eisvogel *Alcedo atthis* 2
Eisvögel nisten an senkrechten Wänden im Uferbereich, sie sind jedoch im Vergleich zu Uferschwalben ausgeprägte Einzelgänger. Im zeitigen Frühjahr graben ♂ und ♀ eines Brutpaares in steile, lehmige Ufer oder Abhänge eine bis zu 1 m lange, oft leicht ansteigende Röhre, die sie am Ende zu einer backofenförmigen Nistkammer erweitern. Der Höhleneingang (∅ ca. 5 cm) liegt in der Regel 1–4 m über der Wasseroberfläche und mindestens ½ m von der Oberkante der Brutwand entfernt.
Eisvögel nisten nicht nur an den Ufern klarer Bäche und Flüsse, sondern auch an künstlich geschaffenen Teichen und Baggerseen, sofern geeignete Brutmöglichkeiten und ein fischreiches Gewässer in der Nähe vorhanden sind.

Blauracke *Coracias garrulus* 3
Blauracken leben heute in Mitteleuropa nur noch in den östlichen Ländern, in Südeuropa trifft man sie jedoch stellenweise häufig an. Als Höhlenbrüter legen sie ihr Nest in Felsspalten, Höhlungen von alten Gebäuden oder in Baumhöhlen an. Die mitteleuropäischen Blauracken brüten bevorzugt in Spechthöhlen, in Höhlen von alten Eichen und in Kunsthöhlen. Bei Mangel an geeigneten Höhlen graben sie in Sand-, Lehm- und Lößwände ca. 50–60 cm lange Röhren, die sie am Ende zu einer 25 cm breiten und 15 cm hohen Nestkammer erweitern. Der ∅ des Einflugloches beträgt ca. 10 cm. Blauracken tragen kein Nistmaterial ein.
Die Niströhren des verwandten **Bienenfressers** *(Merops apiaster)* sind wesentlich länger (100–160 cm) und besitzen querovale Einfluglöcher (5–7 cm hoch, 6–9 cm breit). Bienenfresser brüten kolonieweise in Steilhängen an Flüssen und in Abbrüchen.

1△ 2▽ ▽3

Wohnbauten

Eichhörnchen *Sciurus vulgaris* 1

Eichhörnchen bauen ihre kugelförmigen »Kobel« aus verflochtenen Zweigen im oberen Bereich von Laub- und Nadelbäumen, meist in einer Gabelung in Stammnähe. Als Baumaterial verwenden sie abgenagte Zweige aus der nächsten Umgebung; grüne Zweige des Nestbaumes, die mit eingearbeitet werden, dienen als Stütze des Kobels (Außen-∅ 30–40 cm). Innen polstern die Tiere ihr Nest mit Gras, Moos und Bast aus. Maße des Innennestes ca. 15 cm ∅. Meistens haben Eichhörnchenkobel 2 seitliche Einschlupflöcher, die allerdings vom Boden aus kaum einsehbar sind.

Zwergmaus *Micromys minutus* 2

In Gras, Schilf oder Getreide baut die Zwergmaus, unsere kleinste Maus, ihr kugelförmiges Nest in 20–130 cm Höhe. Dieser, an ein Vogelnest erinnernde Bau wird aus zersplissenen Grasblättern geflochten, die mit der Trägerpflanze verbunden bleiben. Das anfangs noch grüne Nest polstert das Tier mit zerschlissenen Gräsern und Pflanzenwolle aus. Während Schlafnester (∅ 5–7 cm) 2 seitliche Eingänge aufweisen, haben die größeren Wurfnester (∅ 6–9,5 cm) stets nur 1 seitlichen Eingang.

Haselmaus *Muscardinus avellanarius* 3

An sonnigen Waldrändern mit dichtem Gebüsch, auf Lichtungen und Kahlschlägen mit Brom- und Himbeersträuchern und in jungen Aufforstungen findet man in 10–300 cm Höhe die kunstvollen, kugeligen Nester der Haselmaus. Bevorzugter Neststandort sind Jungbäume und Brombeergestrüpp. Das Nest besteht häufig aus trockenem Gras, Blättern und Bast. Während die kleinen Schlafnester einzelner Tiere nur 6–10 cm im ∅ messen, weisen die Wurfnester 9–12 cm auf, sind besonders dickwandig und innen gut ausgepolstert. Für den Winterschlaf legen sich Haselmäuse dickwandige Nester im Laub zwischen Baumwurzeln und unter Baumstümpfen an.

Baumschläfer *Dryomys nitedula* 4

Unser seltenster Bilch, der Baumschläfer, baut in 50–200 cm Höhe ein freistehendes, kugeliges Nest aus Buchenblättern in dichtes Gebüsch oder Jungbäume; innen polstert er es mit trockenem Gras und anderen Pflanzenteilen aus; Außen-∅ 20–30 cm. Der Eingang befindet sich seitlich oder unten. Baumschläfer beziehen auch Baumhöhlen und Vogelnistkästen oder bauen alte Vogelnester um.

1 ◁

2 ▷

3 ◁

4 ▷

Wohnbauten

Biber *Castor fiber* 1

Biber bewohnen mit Birken, Zitterpappeln, Weiden und Ebereschen bewachsene Ufer von Seen, Flüssen und Bächen. Dort schichten sie aus kleinen Stämmen, aus Ästen und Zweigen große Haufen (Burgen, 1) auf, die sie mit Schlamm, verrottetem Pflanzenmaterial und Lehm abdichten. Die Biberburg ist meistens über 1,5 m hoch und hat an der Basis einen ∅ von rund 2 m. Die Eingänge werden stets unter Wasser angelegt. Der Wohnkessel befindet sich im oberen Teil der Burg, etwa 20 cm über der Wasseroberfläche; er mißt in der Höhe 40–50 cm, im ∅ 1,20 m. Daneben gibt es noch Schlaf- und Nahrungskammern. Biberburgen werden häufig über mehrere Generationen hinweg bewohnt. Da die Tiere immer wieder anbauen, können die Burgen zu riesigen Haufen (∅ 12–15 m und Höhe mehrere Meter) anwachsen.
Manchmal legen die Tiere nur einfache Erdbaue im Ufer an, die schräg nach oben in einen Kessel münden. Der Eingang ist auch hier stets unter Wasser.
Um den Wasserstand im Lebensbereich in einer für ihre Bedürfnisse optimalen Höhe zu halten, bauen Biber Staudämme aus Ästen, Zweigen, Schlamm und Schilf; das Bauwerk bekommt den nötigen Halt, indem die Biber als erstes Äste und kleine Stämme senkrecht in den weichen Boden des Gewässers rammen. Biberdämme können bis 100 m lang, 1 m hoch und 80 cm breit sein.

Bisamratte *Ondatra zibethicus* 2

Bisamratten legen 2 völlig verschiedene Typen von Bauten an: Erdbauten und Burgen (2). In Verlandungszonen von Seen und in Sumpfgebieten errichten sie große, kegelförmige Burgen. Unter der Wasseroberfläche erreichen diese einen ∅ bis zu 2 m. Als Baumaterial für ihre Burgen verwenden die Nager Pflanzenmaterial aus der nächsten Umgebung wie Seggen, Schilf, Binsen und Wasserpflanzen. Die Eingänge liegen stets unter Wasser; von dort aus führen bogig verlaufende Röhren zum Nahrungs- und Nistkessel, die ganz oben in der Spitze der Burg liegen.
Bei Vorhandensein von Steilufern im Wohnbereich graben Bisamratten ausgedehnte Gangsysteme in die Uferböschung. Vom stets unter Wasser liegenden Baueingang führt ein mehrere Meter langer Gang (∅ ca. 18 cm) schräg aufwärts zu einem geräumigen Kessel. Daneben legen die Tiere auch kleinere Vorratskammern an. Durch ihre Grabtätigkeit an Uferbefestigungen, Dämmen oder Deichen können Bisamratten großen Schaden anrichten.

1 △

▽ 2

Wohnbauten

Wildkaninchen *Oryctolagus cuniculus* 1

Im Unterschied zu Feldhasen, die ausschließlich oberirdisch leben (s. S. 118), bauen Kaninchen weit verzweigte, bis zu 2,7 m tiefe Gangsysteme. Die geselligen Tiere legen ihre Baue vorwiegend in hügeligem und sandigem Gelände mit deckungsbietenden Büschen und Sträuchern an. Jedes Kaninchen eines Familienverbandes gräbt sich eine Röhre (Eingangs-∅ 10–15 cm), die am Ende in einen kugeligen Wohnkessel mündet. Die Kessel der Tiere einer Kolonie - bestehend aus bis zu 25 Tieren - sind durch ein kompliziertes Gewirr von Gängen miteinander verbunden. Wenn die Tiere von der Oberfläche aus einen Gang in die Erde wühlen, so findet man vor dem Eingang einen kleinen Wall festgetretener Erde; graben sie sich vom unterirdischen Gangsystem nach oben durch, fehlt der Erdwall vor dem Eingang. Für die bevorstehende Geburt graben sich Kaninchen-♀ besondere Röhren mit Wurfkesseln, die sie mit Gras, Moos und weichen Bauchhaaren polstern. Zwischen den Röhreneingängen legen die Kaninchen scharf markierte Wechsel an, auf denen sie auch ihren Kot absetzen (s. S. 50).

Maulwurf *Talpa europaea* 2

Maulwürfe graben mit ihren kräftigen, zu Grabschaufeln umgewandelten Vorderfüßen weitverzweigte, unterirdische Gangsysteme, die dicht unter der Oberfläche, aber auch bis in 50 cm Tiefe verlaufen können. Der samtartig weiche Pelz ohne »Haarstrich« ermöglicht ihnen, sich sowohl vorwärts als auch rückwärts in den engen Gängen (Höhe 4 cm, Breite 5 cm) zu bewegen. Bei der Bautätigkeit beseitigt der Maulwurf die losgegrabene Erde, indem er sie zur Oberfläche schiebt und mit Kopf und Pfoten nach oben drückt; dadurch entstehen die sogenannten Maulwurfshügel (∅ 10–20 cm). Unter großen Hügeln befindet sich das Sommernest, unter noch größeren (∅ 180–100 cm, Höhe bis 50 cm) das warme Winternest aus trockenen Blättern, Moos und Kräutern. Daneben legt der Maulwurf auch Vorratskammern an, in denen er durch einen Biß gelähmte Regenwürmer und andere Beutetiere hortet. Bei Anlage von Gängen dicht unter der Oberfläche (Nahrungsgänge) beseitigt der Maulwurf die anfallende Erde, indem er eine Haufenkette aufwirft.

Die **Schermaus** *(Arvicola terrestris)* gräbt ebenfalls ausgedehnte, unterirdische Gangsysteme; im Gegensatz zum Maulwurf wirft sie jedoch flachere und länglichere Haufen auf, die zudem mit Gras vermischt sind. Neben dem Haufen befindet sich stets das Eingangsloch zum Bau.

1 △

▽ 2

Wohnbauten

Wanderratte *Rattus norvegicus* 1

Außerhalb von Häusern lebende Wanderratten legen sich häufig sehr weit verzweigte Gangsysteme bis in eine Tiefe von rund 40 cm an. Diese Bauten findet man meistens in der Nähe eines Fließgewässers. In den Bau führen 2 querovale Eingänge (8–9 cm hoch, 11–12 cm breit). Sie führen zum Wohnkessel, der mit trockenem Gras, Blättern, Papier und anderem Material ausgepolstert ist; daneben gibt es Nahrungskessel sowie blind endende Gänge, die vorwiegend von Jungtieren angelegt werden. Die meisten Wanderratten leben jedoch in Gebäuden, wo sie zwischen gestapelten Waren, Doppelwänden oder in Hohlräumen unter Fußböden oben offene Nester bauen.

Feldhamster *Cricetus cricetus* 2

Feldhamster graben ausgedehnte Gangsysteme von oft über 10 m Gesamtlänge in 50–150 cm Tiefe. Im Sommer bewohnen sie die oberen Bereiche, im Winter die tieferen, wobei sie dann die im Sommer benützten Eingänge verstopfen. Der Hamsterbau enthält neben den Gängen mehrere Vorratskammern, die Nest- und die Abortkammer. In den Bau führen meist 2 Eingänge, daneben befinden sich häufig größere Mengen an ausgeworfener Erde. Während der eine Gang schräg hinabführt, dient der andere als senkrechte Fallröhre zur schnellen Flucht vor Feinden. Die Baueingänge weisen bei jüngeren Tieren 6 cm, bei ausgewachsenen 8 cm im ∅ auf.

Wühlmäuse Familie *Arvicolidae* 3

Das Gangsystem der **Feldmaus** *(Microtus arvalis)* ist weitverzweigt und besitzt viele Eingänge, die durch oberirdische Wechsel (s. S. 30) miteinander verbunden sind. ∅ der Feldmausgänge ca. 3,5 cm (3).

In trockenen Bereichen graben **Erdmäuse** *(Microtus agrestis)* ebenfalls unterirdische Gänge (∅ 3,5–4 cm), doch verlaufen diese meist knapp unter der Erdoberfläche. In feuchtem Gelände werden oberirdische Nester in der Bodenvegetation angelegt.

Rötelmäuse *(Clethrionomys glareolus)* legen dicht unter der Oberfläche verlaufende Gangsysteme mit vielen Eingängen an, die an der Erdoberfläche in ein ausgedehntes Netz von Wechseln übergehen.

Die Eingänge zu den Gangsystemen der Schermaus (s. S. 112) haben einen ∅ von 6–8 cm.

1 ◁

2 ▷

3 ▽

Wohnbauten

Rotfuchs *Vulpes vulpes* 1

Füchse legen ihren Bau häufig in Wäldern mit nicht zu festem Boden an; dabei bevorzugen sie sonnenseitige Hanglagen. Der umfangreiche Bau besitzt neben der Hauptröhre mehrere Fluchtröhren, in die der Fuchs bei Gefahr schnellstens »einfahren« kann. Im Wohnkessel kommen die Jungfüchse zur Welt. Die beim Graben anfallende Erde befördert der Fuchs zum Ausgang und verstreut sie so nach allen Seiten, daß sich ein fächerförmiger Wall um den Eingang bildet. Der Eingangs-∅ frisch angelegter Baue beträgt 20–25 cm, häufig benutzte Baueingänge erweitern sich oft auf das Doppelte. Einen bewohnten Fuchsbau erkennt man am besten am durchdringenden Raubtiergeruch und an den verstreut herumliegenden Beuteresten, vor allem wenn Junge im Bau sind.
Füchse übernehmen häufig alte Dachsbaue; wenn der Bau groß genug ist, kommt es auch vor, daß Fuchs und Dachs gemeinsam darin wohnen. In ungünstigem Gelände legt der Fuchs oft einen einfachen Bau unter einem Baumstumpf, in einem hohlen Baum oder in einer Felsspalte an.

Dachs *Meles meles* 2

Dachsbaue erkennt man daran, daß der Eingang als »Rutschrinne« ausgebaut ist, d.h., die Tiere graben eine kurze, rinnenartige Fortsetzung des Eingangsloches. Beim »Einfahren« hinterlassen sie in der Rutschrinne tiefe Rillen, die von ihren starken Krallen stammen. Im Umkreis weniger Meter um den Baueingang gräbt der Dachs flache Löcher, in die er seinen Kot absetzt (Latrinen s. S. 48). Nur selten findet man Mahlzeitreste in Baunähe, auch läßt sich kein Raubtiergeruch wie am Fuchsbau feststellen. Die Röhren des umfangreichen Bausystems messen 20–25 cm im ∅, am Eingang sind sie etwas weiter. Sie führen mehrere Meter in die Tiefe und verlaufen in verschiedenen Etagen, die untereinander durch Gänge verbunden sind. Im Umkreis von rund 15 m führen sie zur Erdoberfläche. Der Wohnkessel, der bis in 5 oder mehr Meter Tiefe angelegt wird, ist mit Laub und trockenem Gras (Heu) ausgepolstert.

1 △ ▽ 2

Ruhelager

Elch *Alces alces* 1

Das Lager unserer größten Hirschart ist meistens zwischen Bäumen verborgen. Ähnlich wie die meisten Hirschartigen trifft auch der Elch vor dem Niederlegen keine besonderen Vorkehrungen, beispielsweise Wegscharren der Schneedecke. Am besten erkennt man das Elchbett an den Ausmaßen - Elche werden 2-2,90 m lang - und daran, daß die Pflanzendecke bzw. der Schnee an dieser Stelle niedergedrückt wurde (Gewicht des Elches 270 bis über 600 kg). Neben dem Lager findet man häufig Kotspuren (s. S. 42).

Reh *Capreolus capreolus* 2

Im Unterschied zu den anderen Hirschartigen scharrt das Reh, bevor es sich hinlegt, alles Störende wie Zweige, Laub und Schnee vom Boden weg. Da Rehe recht zierlich sind (95-135 cm lang und 15-35 kg schwer), wird die Pflanzendecke nur vorübergehend zusammengedrückt. Daher ist das Sommerlager des Rehes schwierig zu finden.

Feldhase *Lepus capensis* 3

Der Feldhase verbringt als dämmerungs- und nachtaktives Tier den Tag meistens in dichtem Gestrüpp oder unter kleinen Bäumen versteckt. Bei fehlender Deckung gräbt er mit den Vorderläufen eine flache Grube (10-12 cm tief). Die Hasensasse hat die Form eines spitzen Eies, am runden Pol ist sie tiefer als am spitzen. Der Hase sitzt so in der Mulde, daß sein Hinterteil am runden Pol liegt und die Vorderfüße auf der herausgescharrten Erde ruhen. Hat er in dieser Stellung auch noch die Ohren zurückgeklappt, so ist er oft sogar aus nächster Nähe kaum zu entdecken.

Wildschwein *Sus scrofa* 4

Eine flache Grube, die mit Laub, Moos und anderem Pflanzenmaterial ausgepolstert wird, dient den Wildschweinen tagsüber als Ruheplatz. In diesem Kessel liegen die Angehörigen einer Rotte dichtgedrängt nebeneinander. Ein ähnliches Lager, das gelegentlich mit Astwerk überdacht wird, richtet die Bache für die Geburt ihrer Jungen her.

1 △

2 ◁
3 ▷

4 ▽

Horste

Fischadler *Pandion haliaëtus* 1

Der Fischadlerhorst steht meistens auf dem Wipfel des höchsten Baumes an einem großen Binnengewässer oder an der Meeresküste. Wenn die Adler den Horst nicht gerade von anderen Greifvögeln übernommen haben, bauen ♂ und ♀ eines Brutpaares aus Knüppeln und Ästen, Grasbüscheln, Wasserpflanzen und Kiefernborke ein großes Nest (Höhe 50–60 cm, ∅ 120–150 cm). Die Mulde (∅ 75–80 cm) wird mit Halmen und Gras ausgekleidet. Der Horst wird alljährlich aufgestockt und kann so bis 2,5 m hoch werden. Auch noch während der Brutzeit nehmen die Adler Ausbesserungsarbeiten vor.

Graureiher *Ardea cinerea* 2

In Mitteleuropa nisten Graureiher hauptsächlich im Kronenbereich von Nadel- und Laubbäumen. Als Koloniebrüter legen mehrere Paare ihre Nester im selben Baum oder in benachbarten Bäumen an. Sie errichten zunächst einen Unterbau aus Knüppeln und Zweigen und schichten darauf dünnere Zweige; als Auskleidung der Nestmulde verwenden sie kleinere Zweige, Wurzeln, Stroh oder Tierhaare. Das ♂ schafft das Nistmaterial herbei, das ♀ verbaut es. Das anfänglich relativ kleine Nest wird Jahr für Jahr ausgebessert und erweitert und kann dann recht umfangreich werden. Durch den scharfen Kot der Reiher sterben die Nistbäume allmählich ab.

Saatkrähe *Corvus frugilegus* 3

Saatkrähen brüten kolonieweise in offener Kultur- und Wiesenlandschaft mit Baumgruppen; sie legen ihre Nester im oberen Kronenbereich benachbarter Bäume an. Der umfangreiche Bau wird aus Zweigen, Erde und Halmen hergestellt und mit Gras, Wurzeln, Haaren und Moos ausgepolstert. Die Nester, von ♂ und ♀ gemeinsam errichtet, werden häufig über mehrere Jahre benutzt und immer wieder ausgebessert.

Elster *Pica pica* 4

Elstern sind Kulturfolger, die die Nähe des Menschen nicht meiden. Sie finden in der offenen Landschaft mit Hecken, Feldgehölzen, Alleen und Waldrändern gute Lebensbedingungen. Im Gezweig von Bäumen und hohen Büschen bauen ♂ und ♀ ein umfangreiches, oben geschlossenes Nest aus Zweigen, das sie mit Erde verfestigen und auskleiden. Die Nestmulde wird mit feinen Wurzeln, Haaren und Pflanzenfasern ausgepolstert. Selten nisten Elstern auch an Gebäuden.

1 ◁

2 ▷

3 ◁

4 ▷

Nester

Amsel *Turdus merula* 1

In Wäldern, Parks und Gärten findet man die großen, stabilen Napfnester der Amsel. Als Neststandort dienen meistens Büsche oder Astgabeln von Bäumen in 1–10 m Höhe; immer mehr Amseln brüten jedoch in direkter Nähe des Menschen auf Dachbalken, Balkonkästen und Mauervorsprüngen. Das Nest besteht aus Gras, Laub, Stengeln und Wurzeln, die Nestmulde verkleistern die Vögel mit feuchter Erde; diesen Napf polstern sie dann mit Grashalmen und feinen Wurzeln aus. Außen-∅ des Nestes 10–18 cm, Höhe 7–10 cm. Das ♂ ist am Nestbau nicht beteiligt.
Das Nest der **Singdrossel** *(Turdus philomelos)* ist ähnlich gebaut wie das der Amsel, die Mulde ist jedoch tiefer; sie wird mit feuchtem Lehm oder Holzmulm ausgekleidet und im Gegensatz zum Amselnest nicht mit Pflanzenmaterial ausgepolstert.

Mönchsgrasmücke *Sylvia atricapilla* 2

Das Nest dieser bei uns häufigsten Grasmücke steht meistens in dichtem Buschwerk oder Geäst oder in Jungfichten niedrig über dem Boden. Das ♂ beginnt mit dem Bau mehrerer Spielnester, von denen das ♀ eines auswählt und zu einem zierlichen Napf aus Grashalmen, Stengelchen und Würzelchen vollendet; in den Nestrand sind häufig Spinnweben eingewoben. Die Nestmulde wird mit Dunen, Tierwolle und feinen Grashalmen ausgepolstert. Im Gegensatz zu denen der anderen Grasmückenarten ist das Nest der Mönchsgrasmücke mit den Zweigen der Trägerpflanzen verflochten.

Goldammer *Emberiza citrinella* 3

Im dichten Gebüsch von Waldrändern und in Hecken baut das Goldammer-♀ sein Nest meist niedrig in der Krautschicht. Der wenig kunstvolle Napf besteht aus dürren Gräsern, Würzelchen und Moos, die Nestmulde ist dagegen sorgsam mit Haaren und feinem Pflanzenmaterial ausgepolstert. Der ∅ der Nestmulde beträgt 6–7 cm, die Tiefe ca. 4 cm.

Wasseramsel *Cinclus cinclus* 4

Das kugelige Nest der Wasseramsel mit seitlichem Einschlupfloch besteht aus Moos und Gras; die napfförmige Nestmulde wird mit trockenen Blättern ausgepolstert. Beide Partner bauen ihr Nest fast stets am Ufer eines Fließgewässers, in Höhlungen, Spalten oder Nischen unter überhängenden Uferböschungen, zerklüfteten Felsbrocken, unterspülten Wurzeln und unter Brücken.

1 ◁

2 ▷

3 ◁

4 ▷

Nester

Beutelmeise *Remiz pendulinus* 1
Das birnenförmige, weiße Nest der Beutelmeise besitzt eine ca. 4 cm lange, seitliche Eingangsröhre. Es besteht aus dicht verfilzter Pflanzenwolle (meist Weide und Pappel) und wird in dünne Zweigspitzen von Laubbäumen freihängend geflochten. Höhe des Beutels 17–20 cm, Breite 7–10 cm. Innen ist das kunstvolle Nest zusätzlich mit Grashalmen, Tier- und Pflanzenwolle ausgepolstert. Als Neststandort wählen Beutelmeisen meistens Zweige in 1–3 m Höhe, häufig über dem Wasser.

Mehlschwalbe *Delichon urbica* 2
Mehlschwalben nisten bei uns kolonieweise an rauhen Außenwänden von Gebäuden, meist unter Dachvorsprüngen. Für den Nestbau holen ♂♂ und ♀♀ im Schnabel Schlammklümpchen aus Pfützen, die sie mit Speichel und Pflanzenfasern vermischen und an die Wand kleben. Es entsteht langsam ein halbkugeliges Nest mit einem ca. 4 cm großen Einschlupfloch am oberen Rand. Die Nestmulde (∅ 7–10 cm) wird von den Schwalben mit Federn und feinen Pflanzenteilen ausgepolstert.
Die Nester der **Rauchschwalbe** *(Hirundo rustica)* sind schüsselförmig und sehen durch die aus dem Lehm heraushängenden Grashalme unordentlich aus. Rauchschwalben nisten stets im Inneren von Gebäuden.

Zaunkönig *Troglodytes troglodytes* 3
Zaunkönige bewohnen unterholzreiche Wälder aller Art, Parks und Gärten; häufig trifft man sie in Gewässernähe an. Das ♂ baut unter überhängende Uferböschungen, in Wurzelteller umgefallener Bäume, in Jungbäume, in Mauerlöcher und an efeubewachsenen Mauern in 0–3 m Höhe mehrere Spielnester: dickwandige Mooskugeln mit stets seitlichem Eingang, die mit Gras, Blättern und kleinen Zweigen durchsetzt sind. Von diesen unvollständigen Spielnestern wählt das ♀ eines für die Brut aus und polstert es innen mit Federn. ∅ des Nestes 15–17 cm.

Zilpzalp *Phylloscopus collybita* 4
Im Pflanzengewirr am Boden oder etwas darüber im dichten Gebüsch findet man das kugelige Nest (»Backöfchennest«) des Zilpzalps. Es ist aus Pflanzenmaterial der direkten Umgebung gebaut und daher ausgezeichnet getarnt; oft liegt es auf einer dicken Laubschicht. Nur das ♀ verbaut die Niststoffe – Gras, trockene Blätter, Moos – und polstert das Nest innen mit einer dicken Schicht Federn aus. Der Eingang des Backöfchens ist stets seitlich.

1 ◁

2 ▷

3 ◁

4 ▷

Register

Kursive Seitenzahlen verweisen auf Textstellen, alle anderen Spuren sind in Text und Bild dargestellt

Register